小さなお店＆会社の
ホームページ
Jimdo 入門

藤川麻夕子＋山本和泉

技術評論社

注意書き

- 本書に記載された内容は、情報の提供のみを目的としています。したがって、本書を用いた運用は、必ずお客様自身の責任と判断によって行ってください。これらの情報の運用の結果について、著者および技術評論社はいかなる責任も負いません。

- 本書記載の情報は2017年4月時点のものですが、本書の第2刷発行にあたり、大幅な変更が生じたものについては2019年6月時点の情報に変更しております。以降においても、製品やサービスは改良、バージョンアップされる場合があり、本書での説明とは機能内容や画面図などが異なってしまうこともあり得ます。あらかじめご了承ください。

- 本書は手順の動作を以下の環境で確認しています。ご利用時には、一部内容が異なることがあります。あらかじめご了承ください。
  パソコンのOS：Windows 10 Pro
  ブラウザ：Google Chrome

以上の注意事項をご承諾いただいた上で、本書をご利用願います。これらの注意事項をお読みいただかずに、お問い合わせいただいても、技術評論社は対応しかねます。あらかじめご承知おきください。

■本書に掲載した会社名、プログラム名、システム名などは、米国およびその他の国における登録商標または商標です。
本文中では™マーク、®マークは明記していません。

はじめに

「自分のお店や会社のホームページを作ってビジネスに活かしたい」と考えている方は多いと思います。

ですが、「ホームページを作るにはお金がたくさんかかりそう」「自分で作りたいけど、知識や時間がない」などでホームページ制作に踏み切れない……という声もよく聞きます。

最近は、インターネットやウェブ制作の知識がない方でも簡単にホームページを作れるサービスが増えてきました。その中でも「Jimdo（ジンドゥー）」は、世界中の多くの人に使われているウェブサービスです。本書ではこの Jimdo を使ってホームページの作り方を解説していきます。

といっても簡単にホームページを作ることが重要なのではありません。ホームページ作りは実は技術やデザインではなく「だれに見てもらいたいのか」「見てくれた人にどうしてほしいのか」を考えることが一番大事です。

私たちは長くホームページ制作や運用アドバイスを通じて、また Jimdo エキスパートとして、さまざまな業種形態のお客さまのビジネスの伝え方やホームページ作りの悩みや不安をたくさん聞いてきました。

その中で見えた「はじめてホームページを作るときによくあるつまずきポイント」を踏まえ、本書では、ホームページをつくる方法だけでなく、作る前の準備や、ビジネスに合ったホームページ作りの考え方、完成したホームページの活用方法までを解説していきます。

この本が、みなさんのビジネスの幅が広がるホームページ作りに役立てば幸いです。

藤川麻夕子

山本和泉

CONTENTS

CHAPTER 0 小さなお店＆会社のホームページを持とう！

- SECTION 01　そもそもホームページって何？ …… 010
- SECTION 02　ホームページを持つとどうなる？ …… 012
- SECTION 03　「良い」ホームページの条件とは？ …… 014
- SECTION 04　ホームページを作るために必要なもの …… 016
- SECTION 05　ホームページ作りの流れを知ろう …… 018
- COLUMN　本書の構成について …… 020

CHAPTER 1 Jimdoでホームページを作ろう

- SECTION 06　Jimdoでホームページを作るには？ …… 022
- SECTION 07　ホームページの「サブドメイン」を考えよう …… 024
- SECTION 08　ホームページを作ろう …… 026
- SECTION 09　Jimdoの画面について知ろう …… 030
- SECTION 10　ホームページの画面構成を知ろう …… 032
- SECTION 11　ホームページを表示しよう …… 034

CHAPTER 2 ホームページのメニューを作ろう

- SECTION 12　ホームページの「土台」を作ろう …… 036
- SECTION 13　ホームページの「設計図」を考えよう …… 038
- SECTION 14　本書で作成するホームページについて …… 042
- SECTION 15　「設計図」をナビゲーションに反映させよう …… 044
- COLUMN　自分のお店や会社の業務についてあらためて考える …… 046

CHAPTER 3 トップページを作ろう

SECTION 16	トップページとは？	048
SECTION 17	「案内文」を作ろう	050
SECTION 18	「お知らせ」を作ろう	054
SECTION 19	写真を配置してお店の雰囲気を伝えよう	056
COLUMN	文章の書き方と印象	058

CHAPTER 4 店舗・会社情報ページを作ろう

SECTION 20	店舗・会社情報ページとは？	060
SECTION 21	ページの大枠を作ろう　〜表の追加〜	062
SECTION 22	お店や会社の情報を表にまとめよう	064
SECTION 23	お店や会社までの地図を表示しよう	068
COLUMN	情報の種類によってコンテンツを使い分けよう	067
COLUMN	地図の縮尺を変更できるGoogleマップを設定する	070

CHAPTER 5 商品・サービス紹介ページを作ろう

SECTION 24	商品・サービス紹介ページとは？	072
SECTION 25	サブページの大枠を作ろう　〜カラムの追加〜	074
SECTION 26	「商品紹介」をカラムで作ろう	076
SECTION 27	「商品紹介」をコピーして効率よく作業しよう	078
SECTION 28	ほかのサブページを作ろう	080
SECTION 29	メインページを作ろう	082

CONTENTS

CHAPTER 6 お問い合わせページを作ろう

SECTION 30	お問い合わせページとは？	086
SECTION 31	ページの大枠を作ろう　〜フォームの追加〜	088
SECTION 32	フォームに記載する項目を決定しよう	090
SECTION 33	フォームを仕上げよう	094
COLUMN	プライバシーポリシーについて	098

CHAPTER 7 ホームページをデザインしよう

SECTION 34	ホームページデザインのチェックポイント	100
SECTION 35	全体のレイアウトを決定しよう	102
SECTION 36	ホームページの背景を決定しよう	106
SECTION 37	ナビゲーションのデザインを決定しよう	112
SECTION 38	コンテンツ／フッターエリアのデザインを決定しよう	118
SECTION 39	文章や見出しのデザインを決定しよう	122
SECTION 40	ロゴとページタイトルを設定しよう	128
SECTION 41	余白と水平線でページを見やすくしよう	130
COLUMN	Jimdoで利用できるフォントの種類	121
COLUMN	余白と水平線で洗練された印象にする	132

CHAPTER 8 ホームページの完成度を高めよう

| SECTION 42 | リンクを設定してページを移動しやすくしよう | 134 |
| SECTION 43 | 共通エリアに必要な情報を掲載しよう | 138 |

SECTION 44	フッターエリアの情報と役割について知ろう	142
SECTION 45	「トップへ戻るボタン」を設置しよう	144
SECTION 46	検索エンジン対策（SEO）をしよう	146
SECTION 47	写真を編集して印象をアップしよう	148
COLUMN	ページのタイトルと説明文には何を入れればよい？	156

CHAPTER 9 ホームページを運用しよう

SECTION 48	ホームページをビジネスに活かそう	158
SECTION 49	第三者にホームページを見てもらおう	160
SECTION 50	「アクセス解析」で訪問者のことを知ろう	161
SECTION 51	アクセス解析からホームページの改善点を見つけよう	164
SECTION 52	スマートフォンのアプリを使ってみよう	167
COLUMN	SEO対策のための更新	168

CHAPTER 10 ホームページの"ここが知りたい！"Q&A

SECTION 53	もう1つ新しいホームページを作るには？	170
SECTION 54	シェアボタンを追加するには？	172
SECTION 55	外部ブログの最新記事を自動表示するには？	174
SECTION 56	YouTubeの動画を表示するには？	176
SECTION 57	フォトギャラリーを作るには？	178
SECTION 58	独自ドメインを取得するには？	182
SECTION 59	未完成のページを非公開にするには？	184
SECTION 60	メールアドレスとパスワードを変更するには？	186
SECTION 61	Jimdoを退会するには？	188

Chromeのインストール

本書では、「Jimdo」というホームページ作成サービスを使用して解説します。「Jimdo」では、「Google Chrome」というブラウザーを使うことを推奨されているので、「Internet Explorer」や「Microsoft Edge」をお使いの方は、以下の方法で Chrome をインストールすることをおすすめします。なお、以下は Windows の操作を記載していますが、Mac でも手順 ① の URL からダウンロードできます。

① Microsoft Edge を起動して、アドレスバーに「https://www.google.co.jp/chrome/」と入力して Enter を押します。

② ダウンロードページが開きました。[Chrome をダウンロード]をクリックします。

③ 利用規約を確認して、[同意してインストール]をクリックします。

④ [保存]をクリックすると、ダウンロードが開始されます。

⑤ [実行]をクリックし、「ユーザーアカウント制御」画面で[はい]をクリックするとインストールが行われます。

⑥ インストールが完了しました。Chrome はスタートボタンをクリックし、アプリの一覧から[Google Chrome]をクリックすると起動できます。

CHAPTER

0

小さなお店＆会社の
ホームページを持とう!

SECTION 01	そもそもホームページって何?
SECTION 02	ホームページを持つとどうなる?
SECTION 03	「良い」ホームページの条件とは?
SECTION 04	ホームページを作るために必要なもの
SECTION 05	ホームページ作りの流れを知ろう

CHAPTER 00 小さなお店&会社のホームページを持とう!

SECTION 01 そもそもホームページって何?

「ウェブサイト」や「サイト」とも呼ばれるホームページは、そもそもどういうものを指すのでしょうか。そしてなぜホームページは増え続けているのでしょうか?

1 ホームページとは?

広い意味では、「**インターネット上にあって、ブラウザーを使って見えるもの**」はすべてホームページといえます。Yahoo! や Google などで検索したときに出てくる結果の飛び先はすべてホームページですし、実は Yahoo! や Google のキーワード入力画面自体もホームページです。

ホームページの数は秒単位で増え続け、世界中の人が情報を発信したり、役に立つサービスを提供したりしています。ホームページにはたくさんの種類がありますが、本書では、**お店や会社の情報を発信するためのホームページのこと**を「ホームページ」と呼ぶことにします。

2 ホームページの特徴

ホームページの特徴には、大きく2つあります。

▶ 世界中の人が見られる

ホームページを公開すれば、世界中の人が見ることができる状態になります。ホームページの住所である「アドレス」をブラウザーに入力すれば、誰でも見ることができます。

▶ 誰でも作れる

ホームページを公開するのに資格や免許を取る必要はなく、テレビCMのような莫大なお金もかかりません。ただし、ホームページを作るには「HTML」や「CSS」といった専門知識が必要です。大学で学ぶほどではありませんが、ある程度勉強しなければなりません。
ところが、最近では**そういう知識がなくてもホームページが作れるようになってきました**。本書で紹介をするのはそんなしくみを使ったホームページ作りですので、「HTML」や「CSS」は一切使いません。

3 ホームページとブログの違い

有名人が使っている「ブログ」も、広い意味ではホームページの一種です。無料でブログを作れるサービスはたくさんあるので、「自分のお店や会社のこともブログで情報発信をしたら簡単じゃない？」と思う方もいるかもしれません。確かにできなくはないのですが、**「自分のお店や会社の紹介をしたい」という場合、ブログはあまり向いていません。**ここでは、本書で扱う「ホームページ」と「ブログ」の違いを見ていきます。

▶ ホームページは「あまり変化しない情報」を載せるもの

本書で扱うホームページは、お店や会社の紹介をするような「あまり変化しない情報」を掲載するのに向いています。たとえばお店や会社の場所や、扱っている商品やサービスの情報のような、**毎日変化するわけではない情報を発信したいとき**に、ホームページを使います。

▶ ブログは「変化する情報」を載せるもの

ブログは「記事」で構成され、記事には日付が書かれています。発信した情報は、基本的に「その日の情報」として扱われますので、日記、プレスリリース、イベントの告知など、**日々変化する情報**に向いています。
情報の内容に応じて、「ホームページ」と「ブログ」の両方を持つというのも1つの方法です。ずっと見てほしい情報はホームページで発信して、日々の記録はブログで綴るといった使い方もよく見られます。

CHAPTER 00 小さなお店＆会社のホームページを持とう!

SECTION 02 ホームページを持つとどうなる？

「ホームページを作って意味があるのかな……」と迷っている方のために、ここでは、お店や会社のホームページを作ると起こる「よいこと」と「不得意なこと」をご紹介します。

1 ホームページがお客さまを呼んでくる

ホームページのほとんどは、検索されてアクセスされます。検索をする人は、「何かを探す」「疑問や不安を解決する」といった目的を持っています。もしあなたのお店や会社のホームページがその目的にマッチしていたら、自分で探さなくても**「未来のお客さま」が勝手にやって来てくれる**、ということがあり得ます。

2 誰かがお店や会社のことを広めてくれる

紙のチラシの場合、その紙を持っている人が配らなければ情報は伝わりませんが、ホームページの場合、**アドレスを知らせれば誰でも情報を広めることができます**。Facebook、Twitter、LINEなどを使って誰かがホームページのアドレスを広めてくれれば、自分で動かなくても情報が広まっていくということがありうるのです。

あなたのお店や会社が、もし「少しでもお客さまを増やしたい」と思っているのであれば、ホームページを公開して損はありません。ぜひ、チャレンジしてみてください。

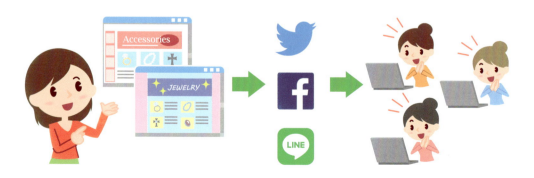

3 ホームページだと修正が簡単

チラシやパンフレットのような紙のものは、一度印刷すると修正するのが大変です。たくさん印刷してしまったあとで間違いに気づいたときは、1枚1枚修正するか、もう一度印刷するか、どちらにしても手間やお金がかかります。しかし、ホームページの場合はデータを変更して公開しなおすだけなので、**あっという間に修正できます。**

4 ホームページが不得意なこと

ホームページには不得意なこともあります。**不得意なことは別のことでフォローすることも重要**です。ここでは、ホームページで実現するのが難しいことを取り上げます。

▶ インターネットに接続できない人に情報を伝えること

ホームページはインターネット上に存在しているので、インターネットへの接続環境がない人に伝えるのは難しいといえます。このため、伝えられる相手の年齢層や住んでいる地域などが制限される場合があります。

▶ 「見せる」「聴かせる」以外の方法で伝えること

ホームページは基本的に、パソコンやスマートフォンなどの「画面」から見るものです。このため、「手触り」「匂い」「空気感」のようなものを伝えることはできません。そういったものを重視した情報を伝える場合、ホームページではない別の手段を考えておく必要があります。

▶ すべての人に同じ見た目で見せること

ホームページはいろいろな機器から見られます。パソコンやスマートフォンにもいろいろな機種があり、それぞれの機種からの見え方が異なります。作った側が「この色で作った」と思っていた色が、別の人の機種で見るとぜんぜん違って見えるということはよくあることです。特に色味にこだわる情報を発信する場合は注意が必要です。

CHAPTER 00 小さなお店&会社のホームページを持とう！

「良い」ホームページの条件とは？

伝えたいことが伝わる「良い」ホームページを作るときは、「お店や会社のこと」と「ホームページを見る人」のことの両方を考える必要があります。ホームページを作る人と見る人の思いは、実は微妙に「ズレ」があります。伝えたいことが伝わるようにするには、このズレをなくすようにホームページの内容を組み立てなければいけません。

1 見る人と作る人の「思いのズレ」を埋める

ホームページを見る人は、自分の心に浮かんだ **「疑問」や「不安」をそのまま検索エンジンに入力**します。たとえば「イタリアン　新宿」「オフィスバッグ　通販」のように、自分の探したいことや解決したいことを「キーワード」にして入力します。

一方、ホームページを作る人はほかのお店や会社と差別化をするために **「売り」となることを発信**します。たとえば「＊＊産の野菜を使っている」「イギリスから直輸入の一点もの」「有名人も大絶賛」といったことです。しかし、「イタリアン　新宿」と検索したときに「＊＊産の野菜を使っている」という情報だけしかホームページになかったら、見る人は探している情報と違うので戸惑ってしまいます。こういったことが「**思いのズレ**」です。

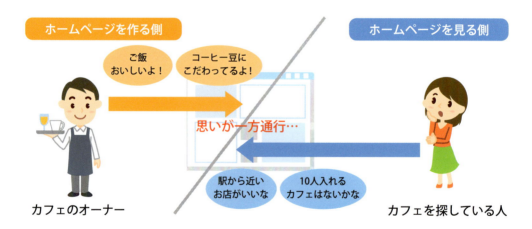

ズレを埋めるために意識すること

「売り」を考えることは非常に大切で、それをホームページに入れていくことも大事ですが、**見せ方を工夫する必要があります**。見る人はお店や会社の売りは知らない状態ですので、「売り」を元にしたキーワードではまず検索されません。

たとえば「イタリアン 新宿」で検索した人は、「お店の場所（新宿のどこにあるか）」「営業時間やメニュー、料金」を見たあとではじめて「売り」を見ます。『**見る人の疑問や不安を解決してはじめて「売り」が伝わる**』ということを意識して、ホームページの内容を考えていくことが非常に重要です。

2 「良い」ホームページのデザインとは?

きれいなデザインにすればホームページがよくなるわけではありません。中身について考え抜かれた使いやすいホームページが、見る人にとってよい印象を与えます。

▶ ホームページ全体を通じて統一感がある

ホームページを構成しているそれぞれのページのデザインが美しくても、それぞれの見た目がバラバラでは見る人の混乱を招きます。
ホームページ全体でデザインのルールが統一されていると、**見る人に安心感を与えます。**

同じホームページなのに、ページによって色がぜんぜん違うぞ…?

▶ 伝えたい内容が自然に目に入る構成

目立たせたい内容があったとき、単に色を派手にすればよいというわけではありません。目立たせたいところを派手にした結果、使いづらいホームページになっている例をとても多く見かけます。
目立たせたい内容が目立つようにするには、位置の工夫、余白、ほかと違う色にする、といったことが重要です。ページ全体とのバランスで目立つかどうかが決まるのです。具体的には、このあとの章の解説の中でお伝えします。

とってもおいしいりんごです!
このりんごは青森でとれた最高級のものです。みなさまも一度ぜひご賞味ください!

とってもおいしいりんごです!
このりんごは青森でとれた最高級のものです。みなさまも一度ぜひご賞味ください!

派手な色にすることよりも、ほかの要素とのバランスをとったほうが目立つ場合がある

CHAPTER 00 小さなお店&会社のホームページを持とう!

SECTION 04 ホームページを作るために必要なもの

ここでは、ホームページをゼロから作ろうとしたときに最低限必要なものを紹介します。あまり多くのものは必要なく、手軽にスタートできます。

1 ホームページ作りに必要なもの

本書で解説している方法でホームページを作成する場合、**必要なもの**は以下のものだけです。

パソコン

最近はスマートフォンでもホームページが作れるサービスも登場しつつありますが、あまり多くのことができません。自分のお店や会社のホームページを作るのであれば、パソコンを準備したほうがよいでしょう。

インターネットへの接続環境

本書ではホームページをインターネット上で作って公開します。そのため、インターネットを通じてホームページを見られる環境が必須になります。

メールアドレス

本書では、ホームページ作成サービスの「Jimdo」を利用するため、メールアドレスの登録が必要です。携帯電話のメールアドレスではなく、パソコンでも送受信できるアドレスのほうがよりスムーズです。

デジタルカメラ

ホームページにとって写真は重要です。自分でお店の様子や商品などを撮影する場合にはあるとよいでしょう。また、スマートフォンのカメラも近年はかなり性能がよくなっているので、撮影する内容によっては利用してもよいでしょう。

2 一番必要なものは「やる気」

これらのものが揃った上で、ホームページを作るためにもっとも必要なのは**「ホームページを作りたい」という気持ち**です。ホームページをただ作ることよりも、ホームページを作る前の準備や、作ったあとの更新作業のほうがずっと大切で根気がいる作業だからです。

特に多いのが、ホームページを作ったあとにずっと更新が止まっているケースです。そういった状態は、お店や会社のホームページの場合はとても危険な状況といえます。

「放置する」のは「作らない」よりもまずいこと

ホームページを公開すると、「公開された情報」がそのまま「今の情報」として伝わります。時が経って会社の情報が変わってもそのまま公開され続けるので、世界中の人に「会社として間違った情報を発信し続ける」ことになります。

集客やビジネスチャンスを広げることが目的のホームページのはずなのに、**放置をすることで逆にホームページの存在が足かせになってしまうのです。**

放置されたホームページ

放置されたホームページを見た人の気持ち

たくさんのホームページの中から自分のホームページを見つけて来てくれても、**ホームページの更新を怠っていると印象が悪くなってしまいます。**「この会社は信用できない」「ここの情報はあてにならない」「見づらくて友だちに紹介できない」という印象を一度与えると、もう一度アクセスしてもらうのはかなり大変です。

ホームページは「作ったら終わり」ではありません。ホームページを作ると決めたら、そのあとの「更新」もきちんと行って**ホームページを育てていく**ことが非常に大切です。

 TIPS 無料で作れるメールアドレス

Jimdoに登録するためのメールアドレスがないという場合は、無料のサービスでメールアドレスを作って登録するとよいでしょう。主な無料のメール（フリーメール）サービスには以下のものがあります。

- **Gmail**（Google 運営）
  https://www.google.com/intl/ja/gmail/about/
- **Yahoo! メール**（Yahoo!JAPAN 運営）
  https://mail.yahoo.co.jp/promo/
- **Outlook.com**（マイクロソフト運営）
  https://www.microsoft.com/ja-jp/outlook-com/

CHAPTER 00 小さなお店&会社のホームページを持とう!

SECTION 05 ホームページ作りの流れを知ろう

ここでは、ホームページ作り全体の流れを見ていきます。具体的な作業については、本書全体を通じて詳しく解説していきます。

1 ホームページ作りの準備

ホームページがよいものになるかどうかは、そのほとんどが**事前の準備**で決まります。

❶目的（目標）設定

まずはホームページを作るための目的（目標）を設定します。この目的に向かって具体的にどうするかを考えます。

- ホームページから資料請求をしてもらう
- たくさんの人にお店に来てもらう
- 予約をしてくれる人を増やす

❷設計

ホームページの構成を考えたり、ページの中のレイアウトを考えたりします。

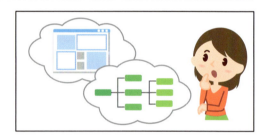

❸素材集め

ホームページを作るのに必要な情報を調べたり手配したりします。作成するページの内容に合った写真や図などのデータ、お店であれば住所や商品の価格の情報など、ページを作るための素材を集めます。

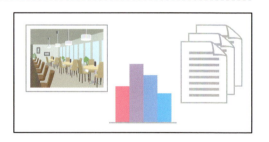

❹文章作成

ホームページに載せる文章を書いていきます。それぞれのページに適した内容をそれぞれ用意しましょう。このあとの章で、文章作成のポイントをお伝えしていきます。

2 ホームページの作成から運用まで

準備ができたら、実際のホームページ作りに入っていきます。

❶デザイン、ページ作成

集めた素材と作成した文章を組み合わせてページを作成します。Jimdoでホームページを作る場合は、デザインとページ作成を同時進行で行います。

❷公開

作ったホームページをインターネットに公開し、めでたくホームページデビューです。Jimdoの場合は作成と公開が同時進行になるため、あまり意識しなくても大丈夫です。

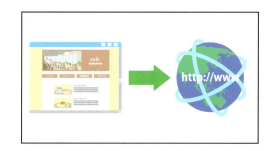

❸運用（更新）

ホームページ作りの中で一番重要な工程です。具体的には「アクセス解析を見る」こと（P.161参照）と「ホームページを調整する」ことを繰り返しながら、ホームページをよりよいものにしていきます。

 TIPS 写真撮影はできればプロに依頼する

可能であれば写真は自分で撮らず、プロに依頼するか、プロが撮った写真を買える「素材集サイト」を利用することをおすすめします。プロと素人との最大の違いは照明です。光の当て方で同じものがまったく違って見えてきます。
質の高い写真1つで、ホームページの印象は格段にアップします。ホームページ作りの費用を抑えて、写真にお金をかけるのも1つの方法です。

本書の構成について

本書では、0章で解説した流れに沿ってホームページ作成の手順を解説していきます。各章で以下の内容を取り上げます。

● 1章

ホームページ作成サービス「Jimdo」へ登録します。

● 2章

ホームページの設計図を考え、ホームページのメニューを作っていきます。

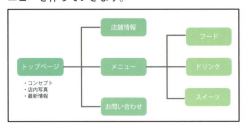

● 3～6章

Jimdoで各ページの中身を入れていき、ホームページの原型を作ります。

● 7章～8章

ホームページのデザイン調整、リンク設定やSEO対策などを行い、完成度を高めます。

● 9章

ホームページを公開したあと、アクセスの動向を見ながら運用をします。

● 10章

外部サービスとの連携などの操作についてのQ&Aです。

CHAPTER 1

Jimdoでホームページを作ろう

SECTION 06	Jimdoでホームページを作るには？
SECTION 07	ホームページの「サブドメイン」を考えよう
SECTION 08	ホームページを作ろう
SECTION 09	Jimdoの画面について知ろう
SECTION 10	ホームページの画面構成を知ろう
SECTION 11	ホームページを表示しよう

CHAPTER 01 Jimdoでホームページを作ろう

SECTION 06 Jimdoでホームページを作るには？

この章では、ブラウザー上でホームページを作るサービス「Jimdo（ジンドゥー）」を使ってホームページを作る方法について解説します。

1 Jimdoとは？

Jimdoとは、**ブラウザー上でホームページを作るウェブサービス**です。本来、ホームページを作るには、インターネット上にホームページのデータを保存する「サーバー」や「ホームページアドレス」、ブラウザーに情報を表示させるための言語（HTMLやCSSなど）の習得が必要ですが、Jimdoは「サーバー」や「ホームページアドレス」があらかじめ用意されていたり、言語を意識せずに、クリックと文字入力だけで**簡単にウェブページ（ホームページ）を作ることができます。**

また、Jimdo以外で作った外部ブログの更新情報を表示させたり、Googleマップを表示したり、フォトギャラリーを付けたりなど、Jimdoはこういった機能も簡単に設置できます。

2 Jimdoの料金プランを知ろう

Jimdoは無料で利用できますが、有料プランもあります。詳しくは、「https://jp.jimdo.com/pricing/creator/」を参照してください。

料金とプラン比較 （2019年6月現在）

プラン名／内容	JimdoFree	JimdoPro	JimdoBusiness
料金	無料	945円／月額	2,415円／月額
ドメイン	＊＊＊.jimdofree.com	独自ドメイン	独自ドメイン
フッターのカスタマイズ	なし	可能	可能
お問い合わせフォーム	◯	◯	◯
SEO設定	ホームページ全体に設定	各ページごとに設定可	各ページごとに設定可
アクセス解析	×	◯	◯
日本語フォント	2書体	15書体	176書体

3 「クリエイター」の無料版でスタートしよう

Jimdoには「AIビルダー」と「クリエイター」の2つのサービスがあります。本書では「クリエイター」の無料版（Free）について解説します。あとから有料版（Pro、Business）にアップグレードすることも可能です。

ジンドゥーAIビルダーとは？

ホームページを作成する目的、ビジネスの業種、作りたいページの内容、デザインの雰囲気など、いろいろな質問に答えることで、自動的にホームページの土台を作ってくれるサービスです。「クリエイター」に比べるとデザイン面で変更できるところが少ないですが、洗練された印象のホームページが手早く作れるのが特徴です。パソコンやインターネットにあまり慣れていない人や、シンプルでいいからできるだけ早くホームページを作りたい人に向いています。

ジンドゥークリエイターとは？

Jimdoのスタート当初からあるサービスです。Jimdoが用意している多数のレイアウトの中から1つを選び、ホームページの内容や、色などのデザインの調整を自分で行います。「AIビルダー」に比べると機能が多い分操作が少し複雑になりますが、デザインや内容調整の自由度が高いのが特徴です。ホームページの見た目や内容を作り込んで、個性のあるホームページを作りたい人に向いています。

 TIPS　ブラウザーは「Chrome」がおすすめ

Jimdoはブラウザー上でホームページを作ります。ブラウザーとはホームページを閲覧するときのアプリケーションです。WindowsならMicorsoft EdgeやInternet Explorer（IE）、MacならSafariというブラウザーが標準で搭載されています。Jimdoは最新のプログラムを日々更新しているので、新しいプログラムにしっかり対応している比較的新しいブラウザーを使うとよいでしょう。

たとえば、Jimdoを快適に作業するためにはGoogle Chrome（グーグル クローム）がおすすめです。本書では、Google Chromeで作業をしていきます（P.8参照）。

Google Chrome：https://www.google.co.jp/chrome/

CHAPTER 01 Jimdoでホームページを作ろう

SECTION 07 ホームページの「サブドメイン」を考えよう

Jimdoでホームページを作るためには、あらかじめJimdo用の「サブドメイン」を考えておく必要があります。ここでは、サブドメインを考えるときのポイントについて解説します。

1 「ドメイン」と「サブドメイン」とは？

そもそも、ホームページのアドレスというのは、たとえば「http://www.yahoo.co.jp」という感じのものです。この中の「yahoo.co.jp」の部分を「**ドメイン**」といいます。ドメインというのは、インターネット上のどこにホームページがあるかを知らせる「**住所」の役割**をしています。ちなみに、Jimdo無料版のドメインは「jimdofree.com」です。JimdoFreeプランの場合は、Jimdoのドメインの前、「https://＊＊＊＊.jimdofree.com」の＊＊＊＊の部分を自由に決めることができます。この「＊＊＊＊」の部分のことを「**サブドメイン**」といいます。

ホームページアドレス

https://jimdofree.com
　　　　ドメイン

https://＊＊＊＊.jimdofree.com
　　　　サブドメイン

サブドメインは自由に決めることができる

[画像: ブラウザアドレスバーに「https://sampo-cafe.jimdofree.com」と表示され、TOKYOのロゴが見える]

TIPS 独自ドメインとは？

Jimdoの有料版では「独自ドメイン」を設定することができます。独自ドメインとは「自分のオリジナルのホームページアドレス」のことです。お店の名前や会社の名前、商品名など本当に好きな名前を付けて自分オリジナルのホームページアドレスを作ることができます。
また、ドメインの後ろに付く「.com」部分はいろいろな種類があり、「.com」以外に「.net」「.biz」「.info」などたくさんの中から選ぶことができます（種類によってJimdoの設定が変わるものもあります）。

2　使える文字には決まり事がある

Jimdo に限らずホームページアドレスには使える文字／使えない文字などの**決まり事**があるので、まずはそれを確認しましょう。

・**使える文字**
「半角のアルファベットと数字」が使えます。
記号は「-（ハイフン）」のみ使えます。

・**使えない文字**
全角文字はすべて使えません。
「-（ハイフン）」以外の記号は使えません。

・**アルファベットの大文字と小文字について**
アルファベットの大文字と小文字は区別されません。「SAMPO」「Sampo」「sampo」「saMpo」は、すべて同じアドレスです。

・**Jimdo のサブドメインに使える文字数**
Jimdo のサブドメインは、3 文字から 30 文字以内の半角アルファベットと数字、「-」（ハイフン）が使えます。

3　Jimdoのサブドメインを考える時のポイント

サブドメインは「早い者勝ち」

ホームページアドレスは「早い者勝ち」です。そのため、**一般的な単語や名前はすでに誰かが取得している可能性がとても高い**です。たとえば、右のような文字列はすでに取得されている可能性が高いでしょう。

サブドメインの例
- flower
- book
- takahashi

業種や地域を入れてオリジナル感を出してみる

サブドメインを考えるときには店舗名や会社名だけで考えがちですが、**業種や地域名**などを入れると、ドメインを見ただけで「あ、お花屋さんなのかな、東京にあるのかな」とイメージしてもらいやすくなります。

たとえば、2 語をつなげてみたり、-（ハイフン）で区切ってみたり、数字を入れてみたりすると、より独自性（オリジナリティ）も出てくるのでおすすめです。

サブドメインの例
- books-kamome
- yamada-flower-tokyo
- sampo-cafe-1998

CHAPTER 01 Jimdoでホームページを作ろう

SECTION 08 ホームページを作ろう

それでは実際に、Jimdoでホームページを作成しましょう。Jimdoに登録が完了すると、その時点でホームページの作成も完了します。

1 Jimdoでホームページを作成しよう

サブドメインが決まったら、Jimdoでホームページを作るための登録をします。

1 Jimdoのサイトを開く

ブラウザーを起動し、アドレスバーに半角文字で「https://jp.jimdo.com」と入力してEnterを押します。Jimdoのサービスページが開いたら、[無料ホームページを作成]をクリックします。

> **MEMO**
> 本書ではブラウザーはGoogle Chromeを使用しています。

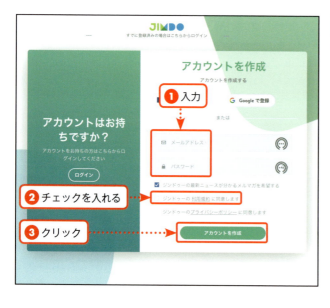

2 アカウントを作成する

「アカウントを作成」の入力欄に自分のメールアドレスと希望するパスワードを入力します。利用規約の確認後、「ジンドゥーの利用規約に同意します」にチェックを入れ、[アカウントを作成]をクリックします。

> **MEMO**
> メールアドレス・パスワードとも、半角文字で入力します。パスワードは、半角アルファベットと数字を組み合わせた6文字以上がおすすめです。また、忘れないようにメモをしておくようにしましょう。

3 メールアドレスを確認する

登録したメールアドレスに Jimdo から図のようなメールが届きます。手順2で入力したときと同じパソコンで、[確定する] をクリックします。

> **MEMO**
>
> メールアドレスを確定すると、アカウント作成が完了して Jimdo へユーザー登録されます。今後はこのアカウントを使ってホームページを作成することになります。

4 ホームページの種類を選択する

これから作成するホームページの種類を選択します。本書ではカフェのページを作成していくので、[ホームページをはじめる] をクリックします。

> **MEMO**
>
> どれを選んでもできることは同じです。「ホームページ」を選んでも、ネットショップやブログの機能が無料で利用できます。

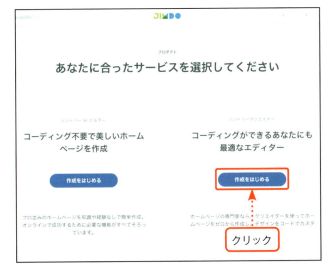

5 サービスを選択する

Jimdo が提供している 2 つのサービスのうち、1 つを選択します。本書では「ジンドゥークリエイター」を利用して作成するので、ジンドゥークリエイターの [作成をはじめる] をクリックします。

> **MEMO**
>
> 「ジンドゥー AI ビルダー」でもホームページを作成できますが、作成のしくみが異なります。本書では操作方法の解説は行いません(両サービスの違いについては P.23 参照)。

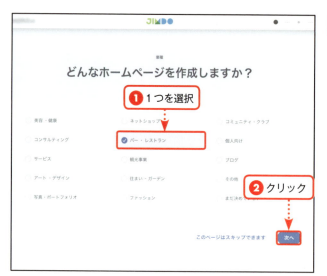

6 ホームページの内容を選択する

これから作成するホームページの内容に近いものを1つ選択して、[次へ]をクリックします。本書では「バー・レストラン」を選択します。

> **MEMO**
> 何も選択せずに次の画面に行くこともできます。選択しない場合は、[このページはスキップできます]をクリックします。選択の有無に関わらず、利用できる機能などは同じです。

7 レイアウトを選択する

手順6で選択した内容に合ったデザインレイアウトの一覧が表示されます。本書のサンプルサイトでは「Tokyo」というレイアウトを使いますので、左上の図をクリックします。

> **MEMO**
> デザインレイアウトはホームページ登録後でも、あとから自由に変更できます(P.102 参照)。

8 プランを選択する

3つのプランの中から1つを選択します。本書では無料版で作成しますので、「FREE」の[このプランにする]をクリックします。

> **MEMO**
> プランについての詳細は P.22 を参考にしてください。

9 サブドメインを設定する

P24〜25を参考にサブドメインを決めて入力し、[使用可能か確認する]をクリックします。

> ✏️ **MEMO**
>
> スペルミスがないように十分に気を付けて入力しましょう。すでに使われている場合は「既に使用されています」の表示が出ます。サブドメインを考え直しましょう。

10 ホームページを作成する

登録可能なサブドメインの場合、ボタンが[無料ホームページを作成する]に変わるので、クリックします。

11 新しいホームページができた

「準備中」表示のあと、選択したレイアウトでホームページが作成されます。このホームページに対して以降の作業を行っていきます。

> ✏️ **MEMO**
>
> インターネット回線の状況によっては、「準備中」画面が長く表示される場合があります。

 Jimdoのアカウントについて

Jimdoでは最初にメールアドレスとパスワードを登録してユーザー登録をします。これを「アカウント作成」といいます。Jimdoでは、1つのアカウントで複数のホームページの作成や管理ができます。ホームページの切り替えは「ダッシュボード」画面で行います。詳細はP.170で解説しています。

CHAPTER 01 Jimdoでホームページを作ろう

SECTION 09 Jimdoの画面について知ろう

Jimdoにはホームページを編集する「編集画面」と、ホームページの実際の表示を確認する「プレビュー画面」があります。ここでは、それぞれの切り替え方法について解説します。

1 編集画面とプレビュー画面を切り替えよう

JimdoにログインするとJlmdo編集画面になります。**編集画面は実際にホームページに文字や画像を入れることができる画面**のことです。画面の左上にはホームページに関する設定をするための「管理メニュー」が表示されます。この「管理メニュー」が表示されていると「ログイン」をしているという目印です。

1 編集画面を確認する

Jimdoにログインすると表示されるのが「編集画面」です。画面左上に「管理メニュー」と表示されています。

2 プレビュー画面に切り替える

プレビュー画面に切り替えるためには画面右上の[プレビュー]をクリックします。

> ✏️ **MEMO**
> 「プレビュー画面」とは、ホームページが実際にどのように表示されるかを確認する画面のことです。

3 パソコンのプレビューが表示される

パソコンのプレビュー画面が表示されました。画面右上にあるアイコンから、スマートフォンの縦表示、横表示を確認することができます。真ん中のアイコンをクリックします。

4 スマートフォンのプレビューが表示される

スマートフォンのプレビュー画面が表示されました。

> **MEMO**
>
> 右上の［閲覧］をクリックすると、実際のホームページの状態を見ることができます。

5 編集画面に戻る

プレビュー画面から編集画面に戻るには左上の［編集画面に戻る］をクリックします。

TIPS 管理メニューとは？

ホームページを管理するために必要なさまざまな設定をするところが「管理メニュー」です。デザインレイアウトやホームページの色を変えたりなどの見た目の設定だけでなく、メールアドレスやパスワードの管理・変更といった基本情報の設定などを行えます。Jimdoでは、ホームページの設定のほとんどを「管理メニュー」で行います。

CHAPTER 01 Jimdoでホームページを作ろう

SECTION 10 ホームページの画面構成を知ろう

ホームページには、1つのページの中にヘッダーエリア／ナビゲーション／コンテンツエリア／共通エリア／フッターエリアの要素があります。コンテンツエリアはページごとに内容が変わりますが、それ以外の要素はすべてのページで共通のものが表示されます。ここでは、これらの場所と役割を解説します。

1 ホームページの画面構成

❶ ページ
❷ ナビゲーション
❸ ヘッダーエリア
❹ コンテンツエリア
❺ 共通エリア
❻ フッターエリア

❶ ページ

1画面全体のことを「ページ」といいます。1つのページの中に「ヘッダーエリア」「ナビゲーション」「コンテンツエリア」「共通エリア」「フッターエリア」が揃っています。すべてのページで大枠のレイアウトは同じになります。

❷ ナビゲーション

各ページへ移動するためのメニュー部分のことを「ナビゲーション」といいます。ナビゲーションは、ホームページ内にはどんなページがあるのかを一覧で示し、Jimdoでは「ページ」名が表示されます。ページ名をクリックすると該当ページが表示されます。Jimdoのレイアウトの種類によって表示位置が異なります。

❸ ヘッダーエリア

ウェブページの上部のことを「ヘッダーエリア（ヘッダー）」といいます。ホームページの「看板」の役割の部分です。「ヘッダーエリア」には、お店や会社の名前やロゴマーク、イメージ写真などを入れて、お店や会社の雰囲気を伝えることができます。すべてのページで共通の見た目と情報が表示されます。

❹ コンテンツエリア

各ページで伝えたい情報を表示するエリアを「コンテンツエリア」といいます。コンテンツエリアには、伝えたい内容に応じて見出しや文章、写真などを各ページで自由に入れます。ホームページ内で一番広いエリアになります。Jimdoのレイアウトの種類によって表示位置が異なります。

❺ 共通エリア

「コンテンツエリア」の横もしくは下にあるエリアを本書では「共通エリア」といいます。ホームページのちょっとした情報を掲載するエリアです。すべてのページで同じ情報が表示されます。

❻ フッターエリア

ページの下部のエリアを「フッターエリア」といいます。フッターエリアは、「著作権情報」など、ホームページの機能的な情報を掲載することに使われます。Jimdoでは、JimdoFree（無料版）とJimdoPro、JimdoBusiness（有料版）とで、表示内容が異なります。

 TIPS レイアウトによって表示が異なる

Jimdoにはさまざまなレイアウトが用意されています。レイアウトによって「ナビゲーション」の位置が異なったり、「共通エリア」が「メインコンテンツエリア」の横か下のどちらかに配置されたりします（P.102参照）。

CHAPTER 01 Jimdoでホームページを作ろう

SECTION 11 ホームページを表示しよう

作成したホームページの表示方法を覚えましょう。Jimdoは会員制のウェブサービスなので、ログイン／ログアウトでホームページの編集作業を開始したり終了したりします。

1 ホームページの編集画面を表示しよう

自分のホームページを表示した際、ログインしているかしていないかで操作が異なります。

1 ホームページを表示する

ブラウザーのアドレスバーに、自分のホームページアドレスを半角文字で入力して Enter を押すと、ホームページが表示されます。

2 編集画面を表示する

ログインしている状態では、画面の右下に［ログアウト｜編集］が表示されます。［編集］をクリックすると、ホームページの編集が可能になります。

> **MEMO**
>
> ［ログアウト］をクリックすると、ログアウトすることができます。

3 ログインしていない場合

ログインしていない状態のときは、画面右下の［ログイン］をクリックし、メールアドレスとパスワードを入力してログインします。すると、編集画面が表示されます。

> **MEMO**
>
> 編集画面が表示されず、「ダッシュボード」が表示された場合は、編集したいホームページをクリックして編集画面を表示します。

CHAPTER

2

ホームページのメニューを作ろう

SECTION 12　ホームページの「土台」を作ろう
SECTION 13　ホームページの「設計図」を考えよう
SECTION 14　本書で作成するホームページについて
SECTION 15　「設計図」をナビゲーションに反映させよう

CHAPTER 02 ホームページのメニューを作ろう

SECTION 12 ホームページの「土台」を作ろう

ホームページ作りは準備をきちんとするかどうかで、最後の完成度が大きく変わってきます。ここでは、ホームページの方向性を決めることでホームページの「土台」を作ります。

1 「ホームページを誰に見せるか」を考えよう

ホームページを見せたい相手は、会社の場合は取引をしたい／している相手、お店の場合は来店してほしい／している人になると思います。ここではそれを、深く掘り下げて考えます。**みなさんにとっての「お客さま」は具体的にはどういう人（会社）かを具体的に想定するのです。**

これまでの実際のお客さまや、これから来ていただきたい未来のお客さまを思い浮かべて、書き出してみましょう。たとえば「新宿にあるカフェ」であれば、以下のようなことが想像できます。

- 20代から30代の女性がメイン
- 新宿に勤めている人（ランチ）
- 新宿にデートや買い物に来た人（休憩利用）
- 通勤や通学に新宿を経由する人（行き帰りに寄る）
- イタリアンやワインが好き
- おしゃれやかわいいものが好き

できるだけ具体的に想像しておくと、**ホームページの内容を作るときの方針が立てやすくなります。**会社の場合は、「ホームページを実際に見る人がどういった業務についているか」というところまで考えます。ここまで考えておくと、ホームページの内容作りが格段に楽になります。

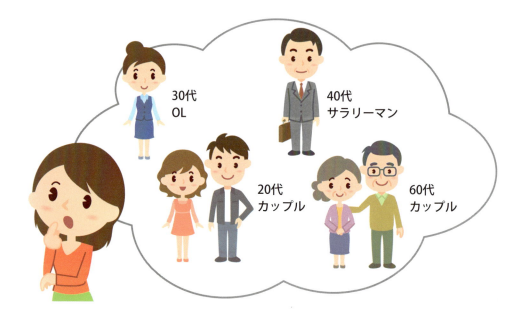

2 「ホームページを作ったらどうなりたいか」を考えよう

ホームページができあがったあと具体的に自分たちがどうなりたいのかを想像して、**ホームページの目的を明確にしておきましょう**。この理由は、0章でお話しした「やる気」を維持するためです。目指すものを設定することで、ホームページを更新せずに放置することを防ぎます。

「ホームページの目的」を作るときには、以下の流れで考えていくとやりやすくなります。

❶ 最終目的を考える

お店や会社、または自分が最終的にどうなりたいのかを考えます。単純なことで結構です。「たくさんの人に来てもらう」「売上をアップする」「有名になる」など、一言でもよいのでまずは決めます。

❷ 最終目的を達成するための状況を考える

たとえば「たくさんの人にお店に来てもらう」には、まず「お店のことをたくさんの人に知ってもらう」ことが必要です。さらに、知ってもらうためにはお客さまがどうなったらよいか具体的に考えていくと、右の状況が想定できます。

- お店の名前、場所を知ってもらう
- お店の雰囲気やコンセプトなどのよさをわかってもらう
- お店にある商品やサービスが魅力的だと思ってもらう

❸ ホームページで何を実現したいかを考える

❷で挙げた内容の中で、実現したいことをなるべく1つに絞ります。たとえば「お店自体のよさをわかってもらう」ことであれば、「お店の魅力や、コンセプト、外観や内装のインテリアなどの視点で、ホームページで存分に見せていこう」という目的を作ることができます。

CHAPTER 02 ホームページのメニューを作ろう

SECTION 13 ホームページの「設計図」を考えよう

ホームページの「土台」を考えたら、発信したい内容を整理してホームページの構成を考え、設計図（サイトマップ）を作っていきます。

1 発信したい内容をグループ化しよう

まずは、発信したい内容を実際に書き出して整理してみましょう。

❶ 発信したい内容を書き出す

お店や会社のホームページで伝えたい内容を思うままに書き出します。できれば**付箋紙を用意して、図のように1枚につき1項目を書いてみましょう**。実現可能か不可能かはここでは考えず、まずは思いついたものをすべて書き出すことがポイントです。ここでは、「カフェ」のページを作る場合を例に挙げます。

考えるときのポイントは、「自分が発信したいこと」だけではなく「見る人が知りたいこと」を想定することです。さきほど考えた、発信する「相手」と「目的」を意識して考えてみましょう。20個から30個以上出てくるのが理想的です。

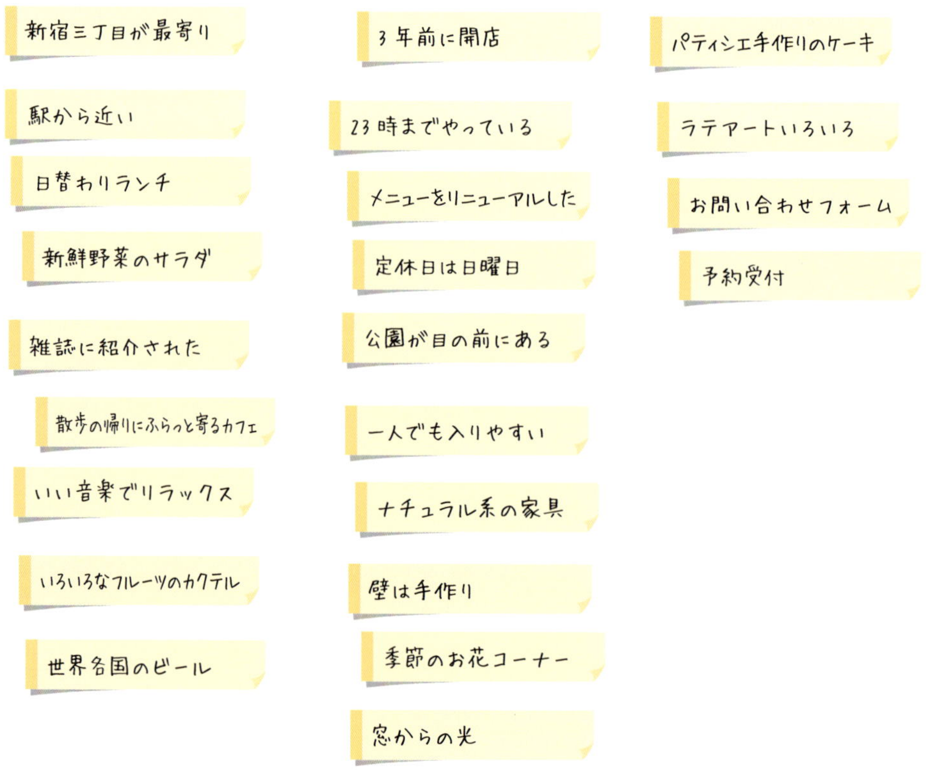

新宿三丁目が最寄り	3年前に開店	パティシエ手作りのケーキ
駅から近い	23時までやっている	ラテアートいろいろ
日替わりランチ	メニューをリニューアルした	お問い合わせフォーム
新鮮野菜のサラダ	定休日は日曜日	予約受付
雑誌に紹介された	公園が目の前にある	
散歩の帰りにふらっと寄るカフェ	一人でも入りやすい	
いい音楽でリラックス	ナチュラル系の家具	
いろいろなフルーツのカクテル	壁は手作り	
世界各国のビール	季節のお花コーナー	
	窓からの光	

❷書き出したものをグループ化する

ある程度内容が集まったら、**似たような内容をグループ化します**。付箋紙で作成した場合は、似たような内容の付箋紙を集めて1つのかたまりにすると、見た目にもわかりやすくなります。
また、書き出したものを全体的に見て不要なものや優先順位の低いものがあったら、それを「不要なもの」グループとしてまとめます。こうして、発信する内容を整理して絞ります。

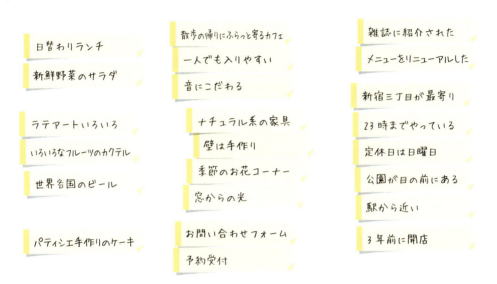

❸グループに名前を付ける

グループ化ができたら、**そのグループに名前を付けます**。これがホームページを構成する1つ1つのページの基礎になります。あとから変えられるので、まずはそのグループの概要を表すような名前を付けてみましょう。

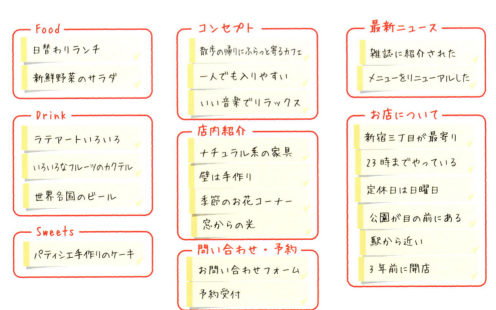

2 グループをもとに設計図を考えよう

いよいよ、ホームページの設計図となる「**サイトマップ**」を作成します。さきほど付けたグループ名を一覧にすると以下のようになります。これを整理して、設計図を作成します。

- Food
- Drink
- Sweets
- コンセプト
- 店内紹介
- 最新ニュース
- お店について
- 問い合わせ・予約

❶メインページとサブページに分ける

この例では全部で8個のグループがあります。この中で「**どのページからでも必ず見てほしいもの**」（メインページ）と、「**どこかのページにいるときだけ見えるもの**」（サブページ）に分けます。
今回の例の場合、図のように「メニュー」というメインページを作り、その中に「Drink」「Food」「Sweets」というサブページを作ることにしました。

❷ トップページに載せるものを決める

ホームページの表紙となるページが「**トップページ**」です。次の3章で詳しく解説しますが、ここでは、さきほど整理したものの中でこの**トップページに載せるものを決めます**。

今回の例では「コンセプト」をトップページでしっかり伝え、見る人に興味を持ってもらうようにしました。また、最新ニュースはトップページからリンクするようにしました。

❸ 名前を確定して、順番を決める

最後に、**グループの名前をページの名前として確定させてメニューでの表示順を決めます**。ページ名はホームページのナビゲーションとして使われるので(ナビゲーションについてはP.44参照)、なるべく簡潔にページの内容がわかる名前にします。

今回の例では右の図のようにしました。このように情報を整理して、ホームページの設計図を完成させます。

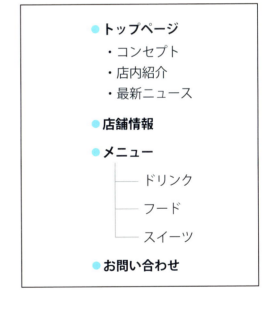

グループの数は7個以内におさめる

心理学者 G.A. ミラー氏が 1956 年に発表した論文によると、人が一度に記憶できる要素の数はだいたい 7 個くらいといわれています。グループが多くなってしまったときは、この点も意識して整理しましょう。

CHAPTER 02 ホームページのメニューを作ろう

SECTION 14 本書で作成するホームページについて

本書ではカフェを例にしてJimdoでホームページを作成します。ここでは、本書で作成するホームページの設計図とページ内容について確認します。

1 本書で作るホームページの設計図

これから作成する「sampo*cafe」という架空のカフェのホームページは、以下のような設計図になっています。おしゃれな内装と、おいしい食べものが売りのカフェを想定しています。
本書では、この設計図にあるすべてのページを Jimdo で作成しながら、**ホームページ作りの基本的な考え方をお伝えしていきます**。ご自分のホームページを作成しながら読み進めることで、実践の中で考え方を学ぶことができます。

サイトマップ

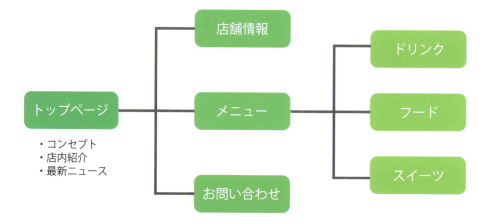

完成メニュー

2 本書で作るホームページの内容

本書で参考として作るホームページの内容は、以下のようになっています。なお、デザインやレイアウトについては7章で解説しますが、ご自分のホームページに合わせてデザインを調整するようにしてください。

▶ トップページ ▶第3章

ホームページの表紙となるページです。カフェの写真や案内文、最新情報が掲載されます。

▶ 店舗・会社情報ページ ▶第4章

お店の場所、営業時間、地図などの基本情報が掲載されたページです。

▶ 商品・サービス紹介ページ ▶第5章

カフェで扱っているドリンク、フード、スイーツについて紹介するページです。ドリンクなどの詳細はそれぞれサブページになっています。

▶ お問い合わせページ ▶第6章

お店へのお問い合わせ先やお問い合わせフォームがあるページです。

CHAPTER 02 ホームページのメニューを作ろう

SECTION 15 「設計図」をナビゲーションに反映させよう

Jimdoでページを作るときは、最初にページ構成を反映する作業を行います。自分で作成した設計図をナビゲーションに反映してみましょう。

1 ナビゲーションを編集しよう

ホームページ内の各ページに行き来するためのメニューのことを「**ナビゲーション**」といいます。Jimdoでは以下の操作で、ページを増やしたり減らしたり、表示順を入れ替えたりできます。

1 ナビゲーションを編集モードにする

Jimdoにログインした状態でナビゲーションにマウスポインターを合わせ、[ナビゲーションの編集]をクリックします。

> ✏️ MEMO
>
> ナビゲーションの位置や見た目は、P.28で選択するレイアウトによって異なります。左図では上にありますが、左や右にあるレイアウトもあります。

2 サンプルページを削除する

初期設定で登録されている「ホーム」以外のサンプルページをすべて削除します。ページの🗑をクリックし、確認画面で[はい、削除します]をクリックしてページを削除します。

3 ページを追加する

［新規ページを追加］をクリックし、ページの名前を入力します。P.38で作った設計図のとおりになるように、「店舗情報」「メニュー」「フード」「ドリンク」「スイーツ」「お問い合わせ」のページを追加します。

4 ページの順番を調整する

表示順を変えたい場合は、 ∧ ∨ をクリックします。1回のクリックごとに1行移動するので、移動させたい位置までクリックします。

5 サブページの設定をする

サブページの設定をします。メインページにひもづくサブページをメインページのすぐ下に移動しておき、 > をクリックします。すると、その直前のメインページに対するサブページとなります。最後に［保存］をクリックします。

6 ナビゲーションが完成した

ナビゲーションとして設定した内容がメニューに反映されます。「メニュー」をクリックしてメニューのページに移動すると、サブページとして設定したものも反映されています。

TIPS 「階層」とは？

ホームページ作りでは「階層」という言葉がよく使われます。サブページは「メインページよりも1階層下がっている」という言い方をします。ホームページの階層が深すぎるとページにたどりつくのに何度もクリックしなければならず、見つけてもらいにくくなります。

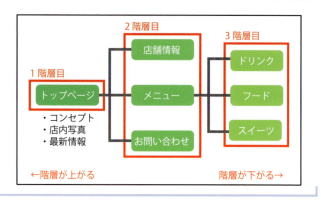

COLUMN 自分のお店や会社の業務についてあらためて考える

ホームページの設計図を作っていくときに、ホームページで発信したい内容を整理しました。しかし、パッと思いつきづらいという方は、まず自分のお店や会社で何をやっているか、お客さまとどのように接点があるかをあらためて書き出してみるとよいでしょう。

● 業務についての基本的な質問に回答してみる

みなさんのお店や会社に関して以下の質問の答えをしっかり準備しておき、これをベースとしてホームページでの発信内容を決めていくと考えやすくなるかもしれません。

- どんな事業ですか？
- 一般的に認知されている業種／業態ですか？
- お客さまの来店やコンタクトの頻度はどのくらいですか？
- 新規とリピートはどちらのほうが多いですか？

● ライバルと比較して、強みと弱みを洗い出す

上の質問への答えができたら、同じような事業をやっているお店や会社（ライバル）をできれば具体的に洗い出します。ライバルと自分のお店や会社と比較しながら、以下を書き出してみましょう。

- ライバルに勝てるところ
- ライバルよりもこだわっているところ
- ライバルに負けているところ、見習いたいところ

ライバルと具体的に比較して強みと弱みを書き出すと、ホームページでの発信内容がより具体的になります。

● ライバルのホームページをチェックする

ライバルがホームページを持っている場合は、その発信内容は非常に参考になるはずです。情報の見せ方やデザインなどを見て、自分のホームページに生かせるところは取り入れていきましょう。

CHAPTER

3

トップページを作ろう

SECTION 16　トップページとは？
SECTION 17　「案内文」を作ろう
SECTION 18　「お知らせ」を作ろう
SECTION 19　写真を配置してお店の雰囲気を伝えよう

CHAPTER 03 トップページを作ろう

SECTION 16 トップページとは？

さて、ホームページのメニューまで設定できたら、いよいよページ作りに入りましょう。ここでは、これから作成する「トップページ」の役割と内容について確認します。

1 トップページの役割とは？

そもそもトップページはどのような役割を担っているのでしょうか。これを考えることで、トップページに必要な要素がわかってきます。

▶ トップページ＝「表紙」

ホームページは、さまざまな情報を掲載した複数のページでできています。その中でホームページの表紙となる入口のページのことを「**トップページ**」といいます。

つまり、トップページは本でいえば「表紙」。最初に見るページです。「ジャケ買い」という言葉もあるとおり、表紙が与える影響は絶大です。**ホームページの中身を見てもらえるかどうかは、トップページの出来の良し悪しにかかっている**といえます。

▶「中身を見てみたい」と思わせる

トップページを作るときの考え方は、本の表紙と基本的に同じです。**見る人に「中身も見てみたい」と思わせるトップページを作る必要があります**。ポイントは、どんな内容を扱うホームページなのかがパッとわかるかどうかです。

また、ホームページの更新情報など、早めに伝えたい最新のお知らせをトップページに掲載することでホームページの状況を伝えやすくなります。具体的には「中身を見てみたくならない」ページを考えてみるとわかりやすいでしょう。下の例のようにならないことを意識しながら作成していきましょう。

避けたいトップページの例

トップページに
文章がいっぱい
➡ 読む気をなくす

トップページに
情報がなさすぎる
➡ どんなホームページか
　わからない

トップページに
リンクがいっぱい
➡ どこをクリックしてよいか
　わからない

2 本章で作成する「トップページ」について

本章でトップページに入れる要素について解説します。

❶メイン画像

トップページの画像は、見た目の印象を決定づけるとても重要な要素です。ホームページの雰囲気に合ったものを選びます。

❷案内文

「これは"何の"ホームページなのか」の概要を書きます。あまり長くせず、数行程度で簡潔におさまるようにしましょう。2章で「誰のために」「何のために」作るのかということを考えましたが、これを踏まえた文章を考えます。

❸お知らせ

最新のお知らせを書きます。お知らせの目的は2つあります。1つは、ホームページがきちんと更新されていることを伝えること。もう1つは見る人をホームページの中身へ誘導することです。単なる情報発信ではなく、見る人を誘導するつもりで文章を考えるとよいでしょう。

CHAPTER 03 トップページを作ろう

SECTION 17 「案内文」を作ろう

最初の作業は、トップページに掲載する「案内文」の作成です。ここでは、Jimdoでのページ作成でもっとも使う頻度の高い[文章]コンテンツを入れてみましょう。

案内文作成のポイント

案内文は、ホームページを訪れた人が最初に目にする文章で、**ホームページの内容が一瞬で伝わるような工夫**が必要になります。こんなところに気を付けて書いてみましょう。

1 ホームページを見る人の視点で書く
「このホームページを見るとどんなよいことがあるのか」ということを意識しましょう。

2 文章が長くならないようにする
だいたい3〜4行程度で言い切るようにしましょう。長すぎると読んでもらえなくなります。

3 見に来た人が期待する内容とズレないようにする
検索エンジンの検索結果で出た内容と案内文の内容にズレがあると、「思っていたのと違う」と思われてしまう可能性が高くなります。自分のホームページを見に来た人が、何が知りたくて訪問しているのかを想定して書きましょう。

1 既存のコンテンツを削除しよう

Jimdoに登録した直後は、あらかじめサンプルページが作られています。サンプルページにある情報は必要ないので、作業をはじめる前に、ページ内に入っているコンテンツをすべて削除します。

クリック

1 コンテンツを選択する

削除したいコンテンツにマウスポインターを合わせると、コンテンツが黒い枠で囲まれ、左側に4つのボタンが表示されます。🗑をクリックします。

2 コンテンツを削除する

［はい、削除します］をクリックします。

> ✏️ **MEMO**
>
> 一度［はい、削除します］をクリックしたあとは、操作を元に戻すことができません。

3 カラムを削除する

図のような段組（カラム）コンテンツを削除します。カラムの文章内にマウスポインターを移動し、［カラムを編集］をクリックしてカラム全体を選択して、手順 1 ～ 2 を参考に削除します。

> ✏️ **MEMO**
>
> カラムは、複数のコンテンツがグループ化された特殊なコンテンツで（P.76 参照）、選択方法が通常コンテンツと異なります。

4 残りのコンテンツも削除する

残っている画像や見出し、余白なども削除します。最終的に図のような表示になります。

すべて削除された

TIPS　定型ページについて

コンテンツが何もない空白のページの場合、あらかじめコンテンツが配置された状態の「定型ページ」を選択することができます。定型ページをベースに画像や文章などを修正していくと、効率的に作業ができます。

2 文章を入力しよう

案内文を入力します。案内文を入力するには［文章］コンテンツを使います。

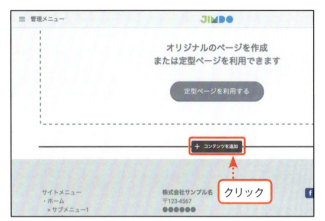

1 ［文章］コンテンツを追加する

［コンテンツを追加］をクリックします。

2 ［文章］コンテンツを選択する

追加可能な「コンテンツ」の一覧が表示されました。［文章］をクリックします。

3 文字を入力する

文章の編集枠が表示されます。ここに自分のホームページの案内文を入力して［保存］をクリックします。案内文がページに表示されます。

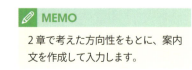

MEMO

2章で考えた方向性をもとに、案内文を作成して入力します。

4 文字を太字にする

［案内文］コンテンツをクリックしてもう一度編集枠を表示し、強調したい文字をドラッグして選択します。その状態で **B** をクリックし、太字にします。

5 文字の色を変更する

 の ▼ をクリックしてカラーパレットを表示し、強調したい色をクリックします。［色を選んでください］をクリックしてカラーパレットを閉じます。

> ✏️ **MEMO**
>
> が見えないときは、［追加オプション］をクリックします。

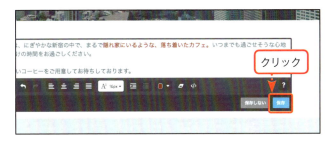

6 編集を保存する

最後に［保存］をクリックしてページに反映します。

原稿は別ファイルで下書きをしておこう

Jimdoは文章などを直接入力することもできます。しかし、誤字脱字等のトラブルを未然に防ぐためには、事前に「メモ帳」などのテキストエディターソフトで原稿ファイルを作っておき、その原稿をJimdoにコピー&ペーストするととても便利です。

また、Jimdoには登録したデータのバックアップ機能がないため、削除をしたり、障害などでページが消えたりしたときに、元に戻すために原稿データを別ファイルで持っておくことが重要です。なお、マイクロソフト社のWordで作った原稿は、Wordで設定した文字装飾などの情報も一緒にペーストされてしまうのであまりおすすめできません。Wordで作成した場合は、メモ帳などにいったん貼り付けてからコピーし、Jimdoにペーストするとよいでしょう。

CHAPTER 03 トップページを作ろう

SECTION 18 「お知らせ」を作ろう

「お知らせ」は、ホームページやお店の最新情報を知ってもらうためのコーナーです。頻繁に更新することで、再訪者も含めてホームページ内に誘導する役割を果たします。

見出しを付けて目立たせる

ホームページを見る人が、必ずしもすべての文章を読んでくれるとは限りません。**見出しの内容をざっと見るだけでページの内容がある程度わかれば、見る人の興味を引きやすくなります。**また、見出しは「大見出し」「中見出し」「小見出し」とレベルを分けられます。見出しの種類によって文字の大きさやデザインが異なるので、うまく使い分けて読みやすいページを作りましょう。

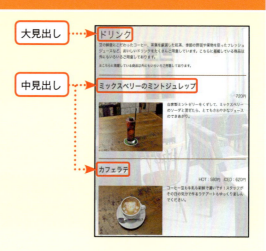

1 大見出しを作ろう

お知らせ情報を掲載する前に、「ここからお知らせの内容になりますよ」という見出しを付けておくと内容が伝わりやすくなります。

1 コンテンツを追加する

案内文コンテンツの下にマウスポインターを移動すると、[コンテンツを追加]が表示されるのでクリックします。

2 [見出し]コンテンツを選択する

「コンテンツ」の一覧が表示されました。[見出し]をクリックします。

3 見出し文字を入力し、大見出しを設定する

見出しの編集枠に「お知らせ」と入力します。今回は「大見出し」として設定するので[大]をクリックし、[保存]をクリックします。

> 📝 **MEMO**
>
> Jimdoでは、大・中・小の3種類の見出しを作成できます。それぞれの見出しで文字の大きさやデザインが異なります。

2 内容を入力しよう

[文章]コンテンツを使ってお知らせの内容を入力します。

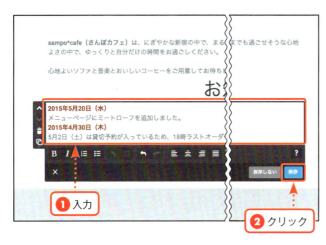

1 文章を入力する

作成した大見出しの下にマウスポインターを移動し、[コンテンツを追加]から[文章]を選択します。文章を入力し、P.53を参考に日付を太字にして色を変え、[保存]をクリックします。

> 📝 **MEMO**
>
> お知らせに入れる内容は「お知らせ内容(更新内容)」だけでなく、「お知らせした日(更新日)」も一緒に入れるとよいでしょう。

 TIPS 数字とアルファベットは半角文字で

インターネットの世界では、数字とアルファベットは原則として半角で統一するのが通例です。電話番号やホームページのアドレスを全角で記載していると、見た人がコピーして利用しづらくなってしまいます。また、すべての数字やアルファベットが半角で記載されることで、見た目上の統一感を出すことができます。

CHAPTER 3 トップページを作ろう

CHAPTER 03 トップページを作ろう

SECTION 19 写真を配置してお店の雰囲気を伝えよう

トップページの目立つところに店内写真などを配置することで、お店の雰囲気を伝えることができます。写真を配置するには［画像］コンテンツを使います。

写真はホームページの印象を大きく変える

写真1つでホームページの印象が大きく変わります。特に商品写真は、写真がその商品の売上を大きく左右します。そのため、**ホームページで使う写真には予算と時間を十分にかけることをおすすめします**。

・プロのカメラマンに撮ってもらう
・カメラが趣味の知り合いに撮ってもらう
・自分でカメラの勉強をしてみる

その他、有料の素材集や写真サイトを利用するのも1つの方法です。なお、インターネットで掲載されている写真やイラストなどを無断で使用することは、ホームページの信頼性を落としてしまう原因になるので気を付けましょう。

1 写真を追加しよう

ここでは、案内文の上に［画像］コンテンツを追加します。

1 コンテンツを追加する

［案内文］コンテンツの上部にマウスポインターを移動すると、［コンテンツを追加］が表示されるのでクリックします。

2 ［画像］コンテンツを選択する

「コンテンツ」の一覧が表示されました。［画像］をクリックします。

3 写真を追加する

［画像をここにドラッグ］のエリアに、パソコン内のフォルダから掲載したい画像ファイルをドラッグ＆ドロップします。

4 代替テキストを設定する

画像が表示されました。次に、画像の代わりとなる文字列「代替（だいたい）テキスト」を設定します。をクリックします。

> 📝 **MEMO**
>
> がないときは、■をクリックすると表示されます。

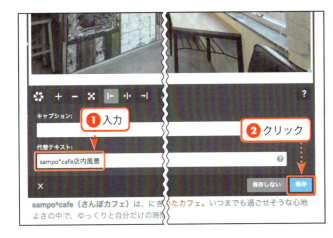

5 代替テキストを入力する

［代替テキスト］に「写真の代わりとなる文字」を入力し、［保存］をクリックします。これでトップページの作成は完了です。

> 📝 **MEMO**
>
> ホームページのタイトルは未設定ですが、本書ではデザインを決定したあとに行います（P.129 参照）。

 TIPS 代替テキストとは？

ホームページに掲載する画像ファイルは、何かしらの不具合でブラウザーに表示されないことがあります。ホームページでは、画像が表示されないときでも「ここにこういった画像がありますよ」という「画像の内容を説明する言葉」、たとえば「おいしそうないちごのケーキの写真」という言葉を画像に設定しておくことができます。このように、画像の代わりとなる文字列のことを「代替（だいたい）テキスト」といいます。ホームページで画像を配置したときは、必ず「代替テキスト」を設定するようにしましょう。

COLUMN 文章の書き方と印象

読みやすく伝わりやすい文章にするには、いくつかポイントがあります。

● 1文を短くする

伝えたいことが多くなると、どうしても文章が長くなりがちです。句点が少ない文章は、結局何がいいたいのかが伝わりづらくなります。特にホームページ内で使う文章は、できるだけ1文を短くするようにすると、より伝わりやすい文章になります。

● できるだけひらがなを使う

ホームページ内の文章で漢字がとても多いと、見る人に「難しそう」という印象を与えてしまいます。また、画数の多い漢字が多いとモニターで文章を読むときに文字が潰れてしまい、読みづらくなることもあります。ホームページ内での文章では、できるだけ漢字をひらがなにすることで読みやすく伝わりやすくなります。

・例
宜しくお願い致します→よろしくお願いいたします。
是非ご賞味下さい→ぜひご賞味ください。

● 日付や時間の表記をしっかり

ホームページの情報は、「いつ」見られるかわかりません。そのため、日付を記載するときには「○月○日」だけでなく、必ず「○○年」を記載することが重要です。たとえば「2017年5月25日」のように記載します。

● 機種依存文字は使わない

文字の中には、パソコンの種類によって表示が変わってしまうものがあります。その文字のことを「機種依存文字」といいます。この機種依存文字を使ってしまうと、パソコンやスマートフォンの種類によって文字化けを起こしてしまい、読めなくなるので使わないようにしましょう。

・丸数字
①②③④⑤⑥⑦⑧⑨⑩…、❶❷❸❹❺❻❼❽❾❿…

・ローマ数字
ⅰ ⅱ ⅲ ⅳ ⅴ ⅵ ⅶ ⅷ ⅸ ⅹ …、Ⅰ Ⅱ Ⅲ Ⅳ Ⅴ Ⅵ Ⅶ Ⅷ Ⅸ Ⅹ …

・単位
㍉ ㌔ ㌘ ㍍ ㍑ ㌶ ㌫ ㌍ ㍗ ㌧ ㎡ ㎥ mm cm kg mcc € …

・その他記号
㈱ ㈲ ㈹ ㈽ ㈷ ㈻ ㈶ ㈳ ㈫ ㈿ ㍻ ㍼ ㍽ ㍾ ≒ ≠ ≈ ≅ ≠ ÷ ■ ¦ ✕ ¦ …

● 半角カタカナは使わない

半角カタカナも場合によって「思ったものと違う表示」になってしまうことがあります。機種依存文字と同様に、使わないようにしましょう。

・半角カナ
ｱｲｳｴｵｶｷｸｹｺｻｼｽｾｿﾀﾁﾂﾃﾄﾅﾆﾇﾈﾉﾊﾋﾌﾍﾎﾏﾐﾑﾒﾓﾔﾕﾖﾗﾘﾙﾚﾛﾜﾝ

CHAPTER

4

店舗・会社情報ページを作ろう

SECTION 20　店舗・会社情報ページとは?
SECTION 21　ページの大枠を作ろう　～表の追加～
SECTION 22　お店や会社の情報を表にまとめよう
SECTION 23　お店や会社までの地図を表示しよう

CHAPTER 04 店舗・会社情報ページを作ろう

SECTION 20 店舗・会社情報ページとは？

お店や会社の基本的な情報を表示する「店舗・会社情報ページ」を作ります。存在としては地味ですが、ビジネス用のホームページには必須のページです。

1 「店舗・会社情報ページ」の役割とは？

「店舗・会社情報ページ」には、**ホームページを作る人（運営する人）が見る人に信用してもらうための情報を掲載します**。たとえばネットショップであれば、運営元の情報がしっかり書かれていることが信用される基準になります。会社の場合は、最新の情報が書かれていないと取引先とのやりとりに影響が出たりすることもあります。たとえば以下のようなことを記載しましょう。

- 所在地
- アクセスマップ、交通手段
- 電話番号
- 営業時間、定休日
- お問い合わせ先メールアドレス
- 代表者名、役員名
- 創業（オープン）日
- 事業概要、取り扱い商品概要
- 資本金、従業員数など
- お店や会社の沿革

ホームページを訪れる人は具体的な場所や営業時間を知りたい人が多いため、情報を正確に記載することが大切です。また、インターネットで広告を出すときの審査の際はこういった基本情報のページが必ず見られます。

TIPS 「概要」から「詳細」へ誘導する

ホームページを見る人のほとんどは、ホームページの内容をじっくり読もうと思っておらず、知りたいことを探しています。このため、ホームページは「ざっくりとした情報」をまず見せて、「知りたい人だけに詳細を伝える」という流れになるように作るのが基本です。

会社（お店）情報ページの場合は、たとえば企業理念やお店のコンセプトなどは最初に全部を語らず、概要だけを書いて詳細ページに誘導します。代表からのメッセージといったものも同様です。「探しているもの」を先に見せてから「伝えたいこと」へ誘導することを意識してみましょう。

会社名	株式会社エフシーゼロ(英語表記:Color fc0 Inc.) ● 社名の由来 ← 詳細への誘導
所在地	〒160-0022 東京都新宿区新宿1-10-3 太田紙興新宿ビル6F ● 地図はこちら
電話番号	03-6380-6620
FAX	03-6380-6621
E-mail	cover@fc0.vc ● お問い合わせフォーム
代表者	代表取締役リーダー　藤川 麻夕子
創業	2000年10月1日
設立	2008年11月11日
業務内容	「もっと多くの人に"Webへの入口"を。」をコンセプトに、クライアントのニーズに合わせたコンサルティングや企画・制作、運用などの業務を行っています。 ● ホームページの企画・制作・運用代行 ● ホームページの運用に関するアドバイス ● ホームページ制作やパソコンの操作に関する講師、執筆
	● #fc0ができること

2 本章で作成する「店舗・会社情報ページ」について

本章では、カフェの「店舗情報」ページを作成します。

❶大見出し

ページの最初に「このページは何のページなのか」を示す大見出しを配置します。

❷お店の詳細情報

情報を分類するために中見出しを配置し、お店の詳細情報を掲載します。表（テーブル）を利用して左の列に項目、右の列に内容を入れています。表の左側は項目名であることがわかるように、文字を太字にして背景色を入れています。

❸アクセスマップ

中見出しを配置して、お店へアクセスする方法を掲載します。Jimdo では Google が提供している「Google マップ」を貼り付けることができます。地図を入れることでお店の所在地がよりわかりやすくなります。

CHAPTER 04 店舗・会社情報ページを作ろう

SECTION 21 ページの大枠を作ろう 〜表の追加〜

まずは、ページの大枠から作りはじめましょう。ここでは、ページの大枠を作るポイントと、表を追加する方法について解説します。

大枠から作成する理由

「店舗・会社情報ページ」は、まずページ内の大枠を作成してから、それに対応する中身を入れ込むという作り方をしています。このように最初にページの大まかな構造を決めておくと、**ページの中身を作成するときに情報の整理がしやすくなり、スムーズに作業を行えるようになります**。

1 すべての見出しを追加しよう

最初にページ内のすべての見出しを作成し、ページの大枠を作ります。

1 見出しを追加する

上部ナビゲーションから［店舗情報］をクリックして、店舗情報ページを表示します。空白のページが表示されたら、［コンテンツを追加］から［見出し］をクリックします。

2 大見出しを追加する

［大］をクリックし、見出しに入る文字を入力して［保存］をクリックします。

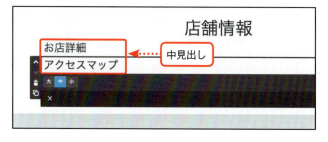

3 中見出しを追加する

大見出しの下で［コンテンツを追加］から［見出し］の［中］を選択し、中見出しを追加します。ここでは2つ追加しています。

② 表を追加しよう

詳細情報を入れるための表の枠組みを作成します。中身はあとで入れ込みます。

1 メニューを表示する

表を表示したい位置（ここでは「お店詳細」の下）で［コンテンツを追加］から［その他のコンテンツ＆アドオン］をクリックします。

2 表を追加する

さらにコンテンツリストが表示されました。［表］をクリックします。

3 表が追加された

4つのセルで構成された表が追加され、表の中身が編集状態になります。P.64から表に情報を入れていきます。

 TIPS 行を増やすには？

入力したい内容に合わせて、行を増やすことができます。［行の追加］には2種類あります。■（左側）はマウスポインターがある行の上に行が追加されます。■（右側）は、マウスポインターがある行の下に行が追加されます。

CHAPTER 04 店舗・会社情報ページを作ろう

SECTION 22

お店や会社の情報を表にまとめよう

作成した表に内容を入れていきます。ここでは、表に内容を入れる方法と、見た目を整える方法を解説します。

表の使いどころ

表は、**情報を並べてまとめることで内容を伝えやすくします**。たとえば、以下のような用途に向いています。

- 何かを比較するとき（料金表など）
- 時間的な経過を示したいとき（日程表、時間割など）
- 1つの情報について項目に分けて説明したいとき（会社概要、自己紹介など）

逆に長い文章や大きな写真を表で並べると見づらくなります。情報量や内容に応じて、表の使いどころを考えてみましょう。

1 表に情報を入力しよう

P.63で作成した表に内容を入れていきます。

1 項目名を入力する

左側の列のセルに、表の項目名を入れます。

> 📝 MEMO
>
> 表に文字を入れると文字の内容に合わせて自動的にセルの幅が広がりますが、このあとの手順で右側のセルに内容を入れると幅が自動調節されます。

2 内容を入力する

右側の列のセルに表の項目名に対する内容を入力して、[保存]をクリックします。

2 表の見た目を整えよう

内容を入力したら、表が見やすくなるように見た目を調整します。

1 表のプロパティ画面を表示する

表をクリックして編集状態にし、[表のプロパティ]をクリックします。

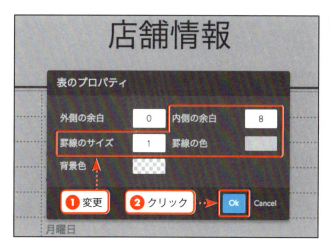

2 表全体の設定をする

まず、見やすくするために[内側の余白]の数字を変更します。続いて表の外枠を表示する設定をします。[罫線のサイズ]に数字を入力し、[罫線の色]のカラーパレットから色を選び、[Ok]をクリックします。

MEMO

数字は半角文字で入力します。色の選択部分で となっている部分は「透明」(色が設定されていない)という意味です。

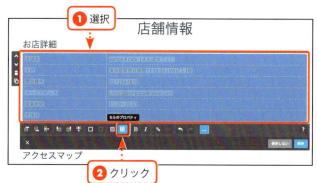

3 セルのプロパティ画面を表示する

次に、表のセルをドラッグしてすべて選択し、[セルのプロパティ]をクリックします。

4 セルの罫線を設定する

選択したセルに対して罫線を表示する設定をします。[罫線のサイズ]に数字を入力し、[罫線の色]のボックスで色を設定します。[Ok]をクリックします。

5 セルの文字色を設定する

セル全体を選択したままで をクリックし、 の をクリックします。文字の色をクリックし、[色を選んでください]をクリックします。

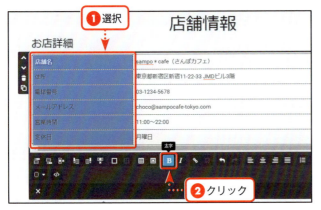

6 見出しの項目を太字にする

左側の列の項目にある文字を太字にします。左側の列全体をドラッグして選択し、[太字]をクリックします。

> **MEMO**
> 左側の列を太字にすると項目が「見出し」のようになり、情報が見やすくなります。また、背景色を付けても同じ効果があります。

7 セルの背景色を設定する

左側の列にさらに背景色を付けます。左側の列を選択したままでP.65 手順3の操作を行い、[背景色]のボックスで色を設定します。[Ok]をクリックします。

8 表が完成した

表が完成しました。最後に[保存]をクリックします。

COLUMN 情報の種類によってコンテンツを使い分けよう

Jimdoのコンテンツにはさまざまな種類がありますが、「コンテンツをどう使い分けるか」がホームページを見やすくするためのポイントになります。ここではよく使われるコンテンツをいくつか取り上げて、使い分けについて見ていきます。

● 見出し

文章が長くなった場合、内容の切れ目に見出しを入れると読みやすくなります。見出しのタイトルには、その下に続く文章の概要を入れます。

見出しを入れる前

> ホームページの制作、運用をしながらのアドバイス、講師、執筆活動など、はじめてホームページをつくる方を技術面や知識面でサポートをすることで、お客様と一緒に、Webのあちこちに「入口」を作ってきました。
>
> ホームページをつくりたいけれど、よくわからなくてはじめの一歩が踏み出せない方でも、だいじょうぶです。本気でやりたい気持ちがあれば、「入口」はつくれます。うまく言葉にできない状態で構いませんので、そのお気持ち、ぜひ聞かせてください。

見出しを入れたあと

> ■「Webへの入口」を作っています
> ホームページの制作、運用をしながらのアドバイス、講師、執筆活動など、はじめてホームページをつくる方を技術面や知識面でサポートをすることで、お客様と一緒に、Webのあちこちに「入口」を作ってきました。
>
> ■よくわからない方も、ぜひお話を聞かせてください
> ホームページをつくりたいけれど、よくわからなくてはじめの一歩が踏み出せない方でも、だいじょうぶです。本気でやりたい気持ちがあれば、「入口」はつくれます。うまく言葉にできない状態で構いませんので、そのお気持ち、ぜひ聞かせてください。

● 表

「項目」と「内容」とで分割できる要素がいくつかある場合は、表を使ったほうが見やすくなります。

文章で表現した場合

> 株式会社エフシーゼロ(英語表記:Color fc0 Inc.)は、東京都新宿区新宿にあります。ホームページ制作の受託業務を中心に、運用アドバイスや初心者向けの講師、執筆などを行っています。
> 2000年10月1日に創業し、2008年11月11日に法人化しました。

表で表現した場合

会社名	株式会社エフシーゼロ(英語表記:Color fc0 Inc.)
所在地	東京都新宿区新宿
業務内容	ホームページ制作の受託業務を中心に、運用アドバイスや初心者向けの講師、執筆などを行っています。
創業	2000年10月1日
設立	2008年11月11日

● 箇条書き

文章の中で同じ種類の情報が並列に並べられる場合は、箇条書きを使うと前後に余白が入るため見やすくなります。

文章で表現した場合

> 当店の取扱商品は、りんご、バナナ、いちご、みかん、ぶどう、なし、キウイです。

箇条書きで表現した場合

> 当店の取扱商品
> - りんご
> - バナナ
> - いちご
> - みかん
> - ぶどう
> - なし
> - キウイ

CHAPTER 4 店舗・会社情報ページを作ろう

CHAPTER 04 店舗・会社情報ページを作ろう

SECTION 23 お店や会社までの地図を表示しよう

お店や会社までの地図を掲載しましょう。ここでは、Googleマップを使って地図を表示する方法について解説します。

Googleマップのおすすめポイント

Jimdoでは、Googleが提供している地図サービスの「**Googleマップ**」を簡単な操作で貼り付けることができます。Googleマップには以下のような特徴があり、近年、ホームページでの地図表示の主流になりつつあります。

- 見る人が自由に拡大／縮小できる地図を表示できる
- 随時、最新の情報に更新されていくので、自分で地図を作成した場合と比べて手動で更新する必要がなく便利
- スマートフォンとも連動し、きれいに表示できる
- 目的地までの経路がわかる

1 Googleマップを設定しよう

お店や会社の場所がわかるようにGoogleマップの設定をします。

1 Googleマップを追加する

地図を表示させたい位置（ここでは「アクセスマップ」の下）で［コンテンツを追加］をクリックし、［その他のコンテンツ＆アドオン］から［Googleマップ］をクリックします。

2 表示の設定をする

追加されたGoogleマップが図のような表示の場合は、航空写真が表示されています。［地図］をクリックして表示の種類を変更します。

3 表示するエリアを設定する

「所在地」の欄に、お店や会社の所在地を入力して、［検索］をクリックします。

4 ピンが表示された

検索した住所に赤いピンが表示され、付近が拡大表示されました。［保存］をクリックします。

5 補足情報を入れる

地図の上に補足情報を入れます。［コンテンツを追加］から［文章］をクリックし、所在地や、駅からの所要時間などを入力します。最後に［保存］をクリックします。

 TIPS　お店や会社の場所をわかりやすくするための工夫

ホームページを見た人が迷わずお店や会社に来られるように、Googleマップだけではなく、文章や写真を使う工夫があるとよいでしょう。

・文章での表現
　手順5のように、地図の補足情報として「＊＊線＊＊駅の＊＊番出口から徒歩＊＊分」といった情報があると、よりわかりやすくなります。駅からの道順を書いておくのも1つの方法です。
・画像での表現
　わかりづらい場所にある場合は、お店や会社のあるビルなどの外観写真を載せたり、道順の中で目印となる場所の写真を載せるなどの工夫があるとよいでしょう。

COLUMN 地図の縮尺を変更できる Google マップを設定する

Jimdo の「Google マップ」コンテンツを使うと簡単に地図を埋め込めますが、地図の縮尺や大きさの変更といった細かな調整ができません。細かな調整をしたい場合には、Google マップが提供しているコードをページに直接貼り付ける方法を使うとよいでしょう。

❶ Google マップにアクセスして住所を検索

「https://maps.google.co.jp/」にアクセスして Google マップのサイトを表示します。検索ボックスに住所を入力し、検索ボタンをクリックします。

❷ 地図の縮尺を調整する

検索した住所付近が表示されます。画面右下の［＋］［－］をクリックして地図の縮尺を調整します。

❸ 地図の共有設定画面を表示する

［共有］をクリックし、表示されたウインドウで［地図を埋め込む］をクリックします。

❹ 大きさを決める

地図を表示するサイズを決めます。大、中、小、カスタム（自分で数字を入力）から選択ができます。「自分専用の地図」のウインドウは［×］で閉じておきます。

❺ コードをコピーする

調整ができたら、上に表示されているコードを右クリックしてコピーをクリックします。

❻ 地図表示用のコンテンツを追加する

Jimdo の編集画面で、［コンテンツを追加］から［その他のコンテンツ＆アドオン］→［ウィジェット /HTML］をクリックします。コピーしたコードを入力欄に貼り付け、［保存］をクリックします。

CHAPTER

5

商品・サービス 紹介ページを作ろう

SECTION 24　商品・サービス紹介ページとは？
SECTION 25　サブページの大枠を作ろう　〜カラムの追加〜
SECTION 26　「商品紹介」をカラムで作ろう
SECTION 27　「商品紹介」をコピーして効率よく作業しよう
SECTION 28　ほかのサブページを作ろう
SECTION 29　メインページを作ろう

CHAPTER 05 商品・サービス紹介ページを作ろう

SECTION 24

商品・サービス紹介ページとは?

ホームページのキモとなる「商品・サービス紹介ページ」を作っていきましょう。まずは、商品・サービスページの役割と内容について確認します。

1 「商品・サービス紹介ページ」の役割とは?

会社のホームページやお店のホームページで、**一番伝えたい、伝えやすいページ**が「商品・サービス紹介ページ」です。また、ホームページにアクセスした人がじっくり見るページでもあります。お店や会社の売りである商品やサービスを正しく知ってもらうことがホームページの役割ともいえます。

商品やサービスの紹介というのは、「こういう商品ですよ」「こういうサービスですよ」とアピールするだけでなく、ホームページを閲覧している**お客さまがその商品について知りたいこと、疑問に思っていることをイメージして作る**と、より伝わりやすくなります。

- 商品名
- 商品の紹介
- 値段
- サイズ
- 素材
- 見た目(写真)大きさがわかるようなものや、拡大写真など
- 使用例

以上のような要素があると、閲覧する人が知りたいことを知ることができ、ホームページの信頼度をあげることができます。

2 メインページとサブページを使い分ける

1ページにすべての商品情報を並べていくと、1ページが長くなるため「いくつ商品があるのか」「ほしい商品の情報がどこにあるのか」がわかりづらいなどのデメリットが出てきます。1つの方法として**「商品紹介のトップページ」に商品の一覧や概要だけのページを作り、サブページでそれぞれの商品やサービスの紹介をじっくりしていく**と、よりわかりやすいページ構成になります。

1ページにすべての情報が載っていると商品が探しづらい

商品をグループ化して概要だけ説明し、詳細はサブページで伝えると商品が探しやすく情報も伝わりやすい

3 本章で作成する「商品・サービス紹介ページ」について

本章で作る商品・サービス紹介ページについて解説します。今回は、商品の概要情報を載せるメインページと、個別の商品を載せるサブページに分けて作成します。

❶大見出し

ページの上部には「このページは何のページなのか」を示す大見出しを配置します。

❷サブページへの誘導

メインページには、サブページへ移動するための入口を作ります。ボタンをクリックすると移動できるように、サブページへのリンクを貼ります。

❸商品の紹介

商品の情報を掲載します。カラム（段組レイアウト）を使って、左側に商品名や紹介文、右側に商品写真とキャプション（説明文）を入れます。

❹商品の紹介（コピー）

❸のコンテンツをコピーして、同じ形式で商品紹介を作ります。コピーすることで同じレイアウトを保つことができるので、ページ全体に統一感を出すことができます。

CHAPTER 05 商品・サービス紹介ページを作ろう

SECTION 25 サブページの大枠を作ろう 〜カラムの追加〜

商品の詳細情報を掲載するページ（サブページ）から作成していきます。本書では、コンテンツを横並びに配置（段組）するために、［カラム］コンテンツを使います。

カラムを使うメリット

カラムとはもともと「**列**」という意味で、表のように縦の列の並びのことを指しますが、コンテンツを横並びに配置するレイアウトのことも「カラム」と呼びます。2段組のことを「2カラム」、3段組のことを「3カラム」と呼びます。カラムを使うことで、**情報を見やすく魅力的に伝えることができます**。

● 2カラム

● 3カラム

1 見出しと文章を追加しよう

サブページに見出しと文章を作成していきます。

1 見出しと文章を追加する

ナビゲーションの［メニュー］→［ドリンク］をクリックして、［ドリンク］ページを表示します。P.54を参考に、［見出し］の［大］を選択して見出しを追加します。その下に［文章］コンテンツを使ってページの概要を入力します。

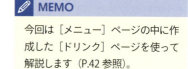

MEMO

今回は［メニュー］ページの中に作成した［ドリンク］ページを使って解説します（P.42参照）。

2 カラムを追加しよう

まず最初に「カラムの列の数をいくつにするのか」、「どのカラムにどういったコンテンツを追加するのか」をあらかじめ決めておきます。ここでは左に商品名と紹介文、右に商品写真を配置する「2カラム」を作ります。

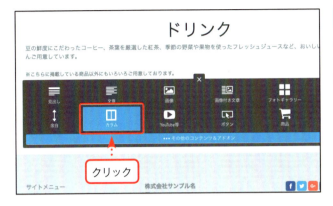

1 [カラム]コンテンツを追加する

カラムを追加したいところにマウスポインターを移動し、[コンテンツを追加]をクリックして、[カラム]をクリックします。

2 カラムが追加された

[コンテンツを追加]が2つ横並びで表示され、これで2カラムが追加されました。

TIPS カラムの列を追加・削除するには？

カラムは、あとから列を追加・削除することができます。[カラム]コンテンツ内にマウスポインターを合わせると出てくる[カラムを編集]をクリックします。カラムとカラムの境界にある ➕ をクリックすると列が増え、🗑 をクリックすると列を減らすことができます。

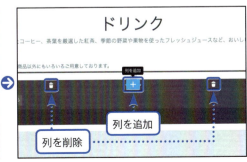

CHAPTER 05 商品・サービス紹介ページを作ろう

SECTION 26 「商品紹介」をカラムで作ろう

カラムを配置したら、その中に商品紹介を作成していきましょう。商品の画像を配置して、キャプションとして説明文を設定します。

1 画像を配置してキャプションを付けよう

カラム内に画像を配置し、画像にキャプションを追加しましょう。

1 画像を配置し、キャプションと代替テキストを設定する

P.56を参考に右のカラム内に画像を配置して、写真のキャプションと、代替テキストを入力します。最後に［保存］ボタンをクリックします。

> ✏️ **MEMO**
>
> 代替テキストは「画像の代わりとなる文字列」で、ページには表示されません。キャプションは「画像に対してのコメント」で、ページに表示されます。

2 キャプションが表示された

写真の下に［キャプション］で追加した文字が表示されます。

3 左のカラムに中見出しと文章を追加する

左のカラムに、［見出し］の［中］で商品名、［文章］で紹介文を入力します。

2　カラムの幅を変更しよう

カラムの幅を変えると、カラムの幅に合わせて画像の大きさも自動的に変更されます。

1　[カラムを編集]をクリックする

カラムにマウスポインターを合わせ、[カラムを編集]をクリックします。

2　カラムの横幅を変更する

カラムの境界線にある を左右にドラッグすると、カラムの横幅を自由に変更できます。カラムの幅に合わせて画像の大きさも変わります。最後に[保存]をクリックします。

 写真をクリックすると拡大表示するようにする

プレビュー画面や実際のホームページの画面で写真をクリックしたときに、写真を拡大表示するように設定できます。細かいところをなどをしっかり見てもらいたい写真に効果的です。設定方法は拡大表示させたい写真をクリックして、→ をクリックします。

CHAPTER 05 商品・サービス紹介ページを作ろう

SECTION 27 「商品紹介」をコピーして効率よく作業しよう

［カラム］コンテンツをコピーすると、カラムの横幅などのデータを保ったままレイアウトできるのでとても便利です。積極的に活用していきましょう。

コピーを活用して作業を効率化する

Jimdoでは、カラムだけでなくすべてのコンテンツがコピーできます。コンテンツをコピーすると、カラムの横幅や、文字のサイズ、色など**すべての情報がコピーされます**。同じレイアウトのコンテンツを複数作成するときは、コピーを利用すると**効率よくコンテンツを増やすことができる**ので非常におすすめです。

1 カラムをコピーしよう

［カラム］コンテンツをコピーするには、まず［カラムの編集］を表示させます。

1 [カラムの編集]をクリックする

コピーしたいカラムにマウスポインターを合わせ、［カラムの編集］をクリックします。

2 カラムをコピーする

コンテンツの左上にある。をクリックすると、「カラム」コンテンツがコピーされます。掲載したい商品の数だけコピーを繰り返します。ここでは2回コピーします。

3 カラムがコピーされた

カラムがコピーされました。

コピーされた

2 コピーしたコンテンツを修正しよう

コンテンツをコピーすると中身の情報まですべてコピーされるので、コンテンツごとに内容を差し替えていきます。

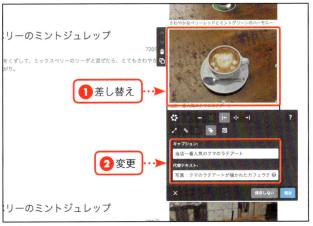

1 写真を差し替える

差し替えたい写真の上でクリックすると画像の編集画面になります。☁をクリックして差し替えたい画像をアップロードします。写真を差し替えたら、必ず代替テキストとキャプションも変更しましょう。

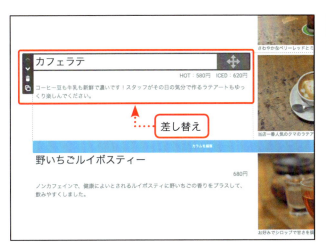

2 テキストを差し替える

［見出し］コンテンツや［文章］コンテンツなども、必要に応じて差し替えましょう。

CHAPTER 05 商品・サービス紹介ページを作ろう

SECTION
28

ほかのサブページを作ろう

別のページも同じレイアウトにしたいときは、使いたいコンテンツをコピーしたあと、「一時的に保存」の機能を使って別のページへ移動させます。

1 カラムを一時的に保存しよう

別のページで使いたいコンテンツをあらかじめコピーしてから、移動の作業をします。

1 コンテンツをコピー・選択する

P.78 を参考に、移動させたいコンテンツをコピーします。ここでは［カラム］コンテンツをコピーします。次に、カラムにマウスポインターを合わせて［カラムを編集］をクリックし、カラム全体を選択します。

> **MEMO**
> はじめに［カラムを編集］をクリックしないと、カラム内のコンテンツが個別にコピーされてしまうので注意しましょう。

2 コンテンツを一時保存する

カラムの右にある ✥ をドラッグすると、画面上部に［移動したいコンテンツをここで一時保存する］が表示されるので、このエリアまでドラッグします。

3 コンテンツが一時保存できた

図のようにコンテンツが表示されたら、一時保存の成功です。

2 別ページに一時保存のコンテンツを挿入しよう

一時的に保存したコンテンツを別のページに挿入します。

1 別ページに移動する

ナビゲーションからコンテンツを挿入したいページをクリックしてページを移動します。ここでは［メニュー］ページ内の［フード］ページに移動しました。まずは、［フード］ページの見出しや文章を追加します。

2 一時保存しているコンテンツを挿入する

画面上部にある一時的に保存しているコンテンツの右にある ✥ を使って、ページ内の挿入したい箇所までドラッグします。［コンテンツを追加］の線が出ているところに挿入されます。

3 商品詳細の内容を差し替える

移動したコンテンツを使って、商品タイトルや、商品写真、紹介文を差し替えます。続いて、必要な数だけ P.78 を参考にコピーをしてページを完成させていきます。ほかの詳細ページも同様に作成します。

📝 MEMO

ランチの注釈部分は［画像つき文章］コンテンツを利用しています。

CHAPTER 05 商品・サービス紹介ページを作ろう

SECTION 29 メインページを作ろう

サブページがすべて完成したら、商品を一覧できるメインページを作成していきましょう。

メインページはサブページの入口

メインページは**サブページの入口にあたるページ**です。サブページで紹介している内容を一覧にすると、サブページに有効に誘導させることができます。一覧表示は、内容や数によって見せ方を工夫しましょう。

● 横並び

1カラムのレイアウト（P.102参照）や、サブページの数が少ない場合は、［カラム］コンテンツで横並びにするのが有効です。

● 縦並び

コンテンツエリアの横幅が狭いレイアウトや、サブページが多い場合、サブページに行くまでに概要説明を入れたい場合などは、縦並びにするのも有効です。こちらも［カラム］コンテンツを使用します。

1 商品一覧ページを作ろう

商品一覧ページに必要な情報を追加します。

追加

1 見出し・文章・画像を追加する

上部ナビゲーションから［メニュー］をクリックして、メニューのメインページを表示します。まずは、［見出し］の［大］と［文章］コンテンツを追加します。メニューを連想させるイメージ写真も追加します。

📝 **MEMO**

文章だけよりも、ページ内容をイメージさせる写真やイラストを入れるとより内容が伝わりやすくなります。

2 カラムを追加する

P.75を参考に［カラム］コンテンツを追加します。［カラムを編集］→ ＋ をクリックして、今回は3カラムにします。最後に［保存］をクリックします。

3 見出し・画像・文章を追加する

それぞれのカラムに、サブページに誘導するための見出しと画像、文章を追加します。

> 📝 **MEMO**
>
> 見出しの文言はサブページの見出しと同じものにしましょう。

2 ボタンを設置しよう

リンクを「ボタン」として設定すると、よりインパクトのあるリンクを設定できます。

1 ボタンを追加する

カラム内のボタンを設置したい位置で、［コンテンツを追加］から［ボタン］をクリックします。

2 ボタンの文言を編集する

ボタンの中をクリックして「新しいボタン」という文字を削除し、ボタンに表示したい文字を入力します。

3 ボタンのスタイルを変更する

[スタイル1][スタイル2][スタイル3]をクリックして、ボタンのスタイルを使いたいものに変更します。また、[左揃え][中央][右揃え]のいずれかをクリックして、配置を変更します。

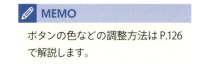

ボタンの色などの調整方法はP.126で解説します。

4 リンクを設定する

リンク先を設定します。 をクリックし、[内部リンク]のプルダウンメニューからリンクさせたいページ（今回は[ドリンク]ページ）を選択します。[リンクを設定]をクリックし、最後に[保存]をクリックして完了です。

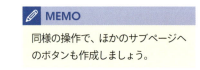

同様の操作で、ほかのサブページへのボタンも作成しましょう。

CHAPTER

6

お問い合わせページを作ろう

SECTION 30　お問い合わせページとは?
SECTION 31　ページの大枠を作ろう　～フォームの追加～
SECTION 32　フォームに記載する項目を決定しよう
SECTION 33　フォームを仕上げよう

CHAPTER 06 お問い合わせページを作ろう

お問い合わせページとは？

メールフォームを使って、お客さまからの問い合わせを受け付ける「お問い合わせページ」を作ります。お問い合わせページは、ホームページを見た人のダイレクトな反応を得られる重要なページです。

1 「お問い合わせページ」の役割とは？

お問い合わせページは、ホームページを見た人が**「もっと知りたい」「わからないところを質問したい」****「予約したい」といった行動を起こすときに見るページ**です。見る人と作る人が直接つながるためにとても大きな役割を果たします。
お問い合わせページには、下記の内容を掲載するとよいでしょう。

- お問い合わせフォーム
- 受付用のメールアドレス
- 電話番号（電話受付時間）
- FAX 番号
- お問い合わせを受け付けたらいつまでに返事をするか
- 「よくある質問と回答」へのリンク
- 「プライバシーポリシー」へのリンク

 TIPS お問い合わせページからリンクするとよいページ

本書では作成しませんが、あるとよい 2 つのページを紹介します。

●「よくある質問と回答」ページ
お問い合わせページからリンクを貼っておくと、お客さまが問い合わせる手間を省くことができます。また、お店や会社が「見る人のお悩みを解決できます！」というアピールをするのにも有効です。

●「プライバシーポリシー」ページ
近年個人情報の取扱いへの関心が高まっています。そういった中でホームページを見る人に安心してもらうために、「送信された個人情報を誰が何のために使うのか」ということを明示したものが「プライバシーポリシー」です。ページとして独立していなくても、個人情報をどのように扱うかをフォームの送信ボタン付近に記載しておくと安心感が増します。詳しくは P.98 で解説します。

2 本章で作成する「お問い合わせページ」について

本章では、来店予約やお問い合わせをするためのページを作成します。

❶ フォーム

フォームは、入力した内容を送信すると設定したメールアドレスにメールが届くプログラムです。Jimdoではかんたんに作ることができます。

❷「お名前」欄

名前を記入する欄です。通常の文字入力ができ、短い文字数を入力するのに適したテキストエリアが表示されます。

❸「メールアドレス」欄

メールアドレスを入力するための専用の欄です。半角文字しか入力できず、メールアドレスの書式に合わないものを入れるとエラーとなります。

❹ お問い合わせの種類

お問い合わせの種類を「ラジオボタン」から選択できます。ラジオボタンは、複数の選択肢からいずれか1つを選択してもらいたいときに使います。

❺「お問い合わせ内容」欄

お問い合わせの内容を入力するための欄です。複数の行にわたる長い文章を入力するために使います。

❻ 注意書き

「お問い合わせをしたらいつまでに返事をもらえるのか」「返事がなかったらどうなるのか」などの注意書きを記載します。

CHAPTER 06 お問い合わせページを作ろう

SECTION 31 ページの大枠を作ろう 〜フォームの追加〜

具体的な内容を入れ込む前に、ページ全体の枠を作ります。ここでは、[フォーム]コンテンツを使用します。

フォーム以外の連絡手段も書いておこう

ホームページを見る人の中には、パソコンやスマートフォンでの入力が苦手な方や、入力ができない状況の方がいます。そのような人のために、**フォーム送信以外の連絡手段をできるだけ記載しておく**ようにしましょう。こうすることで、お問い合わせの「入口」を増やすことができます。

1 見出しと文章を追加しよう

ナビゲーションから「お問い合わせ」ページに移動し、これまでの章と同様の操作で見出しと文章を追加します。文章には、フォーム以外の連絡手段を記載します。

1 見出しを追加する

ナビゲーションから[お問い合わせ]をクリックして、[お問い合わせ]ページを表示します。[コンテンツを追加]から[見出し]の[大]を選択し、大見出しを追加します。

2 文章を追加する

続いて、大見出しの下に[文章]を追加します。ここでは、フォーム以外の連絡先として電話番号を記載しています。

2 フォームを追加しよう

フォームを追加します。フォームの下には、お問い合わせをする人の不安をなくすための注意書きを記載しましょう。

1 フォームを追加する

［文章］コンテンツの下で、［コンテンツを追加］→［その他のコンテンツ＆アドオン］から［フォーム］をクリックします。

2 メールアドレスを確認する

自動的にいくつかの入力項目が入り、Jimdoに登録したメールアドレスが送信先に指定された状態で作成されます。ここではいったん、［保存］をクリックします。

MEMO

フォームを作成すると、フォーム内にプライバシーポリシーへのリンクが自動的に追加されます。（プライバシーポリシーについてはP.98参照）

3 注意書きを追加する

送信ボタンのそばに「送信したらどうなるのか」「送信できなかったときはどうすればよいのか」といった情報があると、お問い合わせをする人が安心できます。［文章］コンテンツを使ってフォームの下に注意書きを追加します。

CHAPTER 06 お問い合わせページを作ろう

SECTION 32 フォームに記載する項目を決定しよう

ページの大枠ができたら、フォームの項目を決定しましょう。ここでは、フォームの項目や決め方やJimdoでの操作方法について解説します。

フォームの項目はどう決めるとよい?

お問い合わせフォームの項目は自由に変更できます。項目を決めるときは、以下のことを意識するとよいでしょう。

1 できるだけ項目を少なくする

お問い合わせフォームに項目がたくさんあると、入力に手間がかかってしまいます。お客さまからのお問い合わせ数を増やすなら、できるだけ入力の手間がかからないように、項目を少なくするとよいでしょう。

2 送信者が入力しやすい項目にする

プライバシーに関わる内容や、選択肢が多い質問など、回答が難しい項目があると入力してもらいにくくなります。考えなくても答えられるような、できるだけ回答が簡単な項目で構成するようにしましょう。

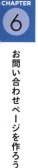

1 フォームの項目を変更しよう

自動的に追加されたフォームの入力項目を修正して、自分のホームページに合うようにします。

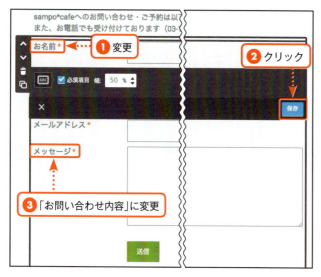

1 項目名を変更する

フォームをクリックして編集状態にします。「名前」の文字がある部分をクリックし、「お名前」に変更して[保存]をクリックします。「メッセージ」も同様の操作で「お問い合わせ内容」に変更します。

2 フォームに項目を追加しよう

ここではお問い合わせの分類を選択できるように項目を追加します。いくつかある選択肢の中から「ひとつだけを選んでもらう」には「ラジオボタン」を使います。

1 ラジオボタンを追加する

フォームをクリックして編集状態にし、[コンテンツを追加]から[ラジオボタン]をクリックします。

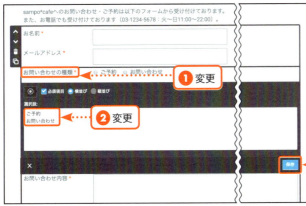

2 項目名と選択肢を入力する

続いて、「ラジオボタン」と書かれた部分をクリックして項目名を変更します。次に[選択肢]の入力ボックスにある文字をクリックして選択肢を変更し、1行ごとに1項目を設定します。最後に[保存]をクリックします。

 TIPS 項目を「入力必須」に設定する

各項目の編集画面の[必須項目]にチェックを入れると、項目名に自動的に印が付き、入力をしないとフォームから送信できなくなります。
必須項目はできるだけ少ないほうが、入力する人にとってのハードルが下がります。お名前・メールアドレス・お問い合せ内容など、やりとりに必要な情報以外はできるだけ必須の設定をせず、お問い合わせがしやすいフォーム作りを心がけましょう。

3 フォームに追加できる項目一覧

フォームに追加できる項目を確認して、自分のホームページに必要な項目を追加してみましょう。以下の図にあるものが、フォームの項目として追加できます。

▶ テキストエリア

文字のデータを1行分入力できます。名前など、比較的短い文字を入力してほしいときに利用します。

▶ メールアドレス

メールアドレス専用の項目です。見た目はテキストエリアと同じですが、メールアドレスの書式に合わないもの（全角文字や、「@」が入っていない文字列など）を入力するとエラーになります。

▶ 日付

日付を入れる際に利用する項目です。入力欄の右にあるアイコンをクリックするとカレンダーが表示され、日付をクリックするだけで日付が入力できます。手動入力もできます。

▶ メッセージエリア

テキストエリアが1行分の文字を入れるのに対して、メッセージエリアは複数行の文章を入れることができます。「お問い合わせ内容」など、自由に文章を入力してほしいときに利用します。入力欄の行数の設定ができます。

▶ 数字

何かの個数を入力する際に利用します。上限／下限の数字の設定ができ、簡易的な注文フォームなどに利用できます。上下の矢印のクリックで数字が増減します。手動入力もできます。

▶ ドロップダウンリスト

複数の選択肢から選ぶときに使います。矢印部分をクリックすることでリストが開くので、選択肢が多いときにスペースを節約できます。

▶ ラジオボタン

複数の選択肢から1つだけ選択できる項目です。性別など、1つだけ選ばなければならない内容に適しています。

▶ シングルチェックボックス

質問項目に対して該当する場合にチェックを入れます。Yes／Noで答えられるシンプルな質問に利用できます。

▶ 複数チェックボックス

チェックボックスが複数追加できます。選択肢から複数を選んでほしいときに使う項目です。

▶ カテゴリータイトル

フォームの中に見出しを入れることができます。フォームの入力項目が多い場合に見やすくするために利用できます。

 TIPS　フォームの項目の順番について

フォームの項目は「入力しやすい順」に並べるのが基本です。考えなくても入力ができる「お名前」「性別」のような、自分自身の情報を最初にしたフォームが多く見られます。
近年は「その人が送信したい項目」を先にしたフォームも見かけます。たとえばお問い合わせフォームであれば「お問い合わせ内容」を一番最初にして、名前などの基本情報をあとにする、などです。入力したい情報を先に入れてもらえば、入力しなければならない情報も入力してもらえる、という考え方です。

CHAPTER 06 お問い合わせページを作ろう

SECTION 33 フォームを仕上げよう

最後にボタンの見た目やフォームの設定を変更して、フォームを仕上げましょう。設定がすべて完了したら、送信テストを行って動作を確認します。

1 「送信」ボタンの文字を変更しよう

フォームの最後にある「送信」ボタンは、文字を変更することができます。

1 ボタンの文言を変更する

フォームをクリック後、「送信」ボタンをクリックします。ボタンの文字を変更し、[保存]をクリックします。

2 送信先のメールアドレスを変更しよう

初期状態では、Jimdoに登録したときのメールアドレスが自動的に設定されています。別のメールアドレスに変更することもできます。

1 送信先のメールアドレスを変更する

あらかじめP.187を参考に、受け取りたいメールアドレスを追加しておきます。フォームをクリックして選択状態にします。メールアドレスのプルダウンから、お問い合わせを受け取るためのものに変更し、[保存]をクリックします。

3 送信後に表示されるメッセージを設定しよう

Jimdoからフォームを送信したあと、画面上に表示されるメッセージを変更することができます。

1 メッセージ編集画面を開く

フォームをクリックして選択状態にします。✉をクリックすると、メッセージ編集画面が開きます。

2 メッセージを変更する

初期状態では「メッセージが送信されました。」と表示されます。この内容を自分のホームページに合う形に変更し、［保存］をクリックします。

 メッセージには何を書けばいいの？

フォームの送信後、Jimdoでは送信者へ送信完了メールが送られません。そのため、送信後のメッセージがきちんと書かれていないと、送信した人が不安になってしまいます。メッセージには、以下の内容を必ず入れておきましょう。

・「メッセージが送信された」という報告
・送信のお礼
・何日以内に返信をするか
・返信がない場合どうしたらよいか

4 送信テストを行おう

ひととおり設定が終わったら送信テストをします。プレビュー画面にして、フォームから送信をしてみましょう。送信後のメッセージが設定のとおりに画面に表示され、設定したアドレスにメールが届けば成功です。

1 プレビュー画面にする

P.30 を参考にプレビュー画面にします。

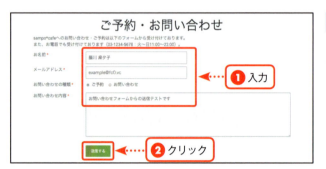

2 フォームに入力して送信する

フォームの各項目に入力し、最後に［送信］ボタンをクリックします。

3 メールが届いているかを確認する

「Jimdo Team」から「新しいメッセージ http://＊＊＊＊.jimdo.com/ お問い合わせ /」という件名でメールが届いているかを確認します。

> 📝 **MEMO**
>
> ＊＊＊＊には、自分のホームページアドレスが入ります。

⚠ TIPS　フォームを送信してもメールが届かない場合

フォームを送信しても自分のところに届かない場合、ほとんどの場合は下記のいずれかが原因です。確認してみてください。

- Jimdo での送信先メールアドレスの指定に誤りがある
- 受信したメールが「迷惑メール」フォルダーに振り分けられている

TIPS | フォームのレイアウトは変更できる

Jimdoでは、フォームのレイアウトを2パターンから選ぶことができます。

変更するにはまず、フォームをクリックして選択状態にします。■をクリックすると、項目名と項目が縦並びに切り替わります。

● 項目名と入力欄が横並び
レイアウトはコンパクトになりますが、項目名を長くし過ぎると読みづらくなります。お問い合わせフォームなど、送信項目がある程度決まっているものに向いています。

● 項目名と入力欄が縦並び
レイアウトは縦に長くなりますが、項目名が長くなっても対応できます。アンケートのような、項目名（質問文）が長くなるものに向いています。

 TIPS | スパム防止機能を追加できる

Jimdoでは、スパムメールが届くことを防ぐための「CAPTCHA機能」を追加できます。

追加するにはまず、フォームをクリックして選択状態にします。▼をクリックすると、ランダムな文字列を入れる入力欄がフォームの一番下に追加されます。

COLUMN プライバシーポリシーについて

プライバシーポリシーとは、お問い合わせフォームなどで送信される「個人情報をどう扱うかを、ホームページの運営者が定めたもの」です。ホームページによってプライバシーポリシーの内容は異なりますが、「送信された個人情報をきちんと管理している」ということを伝えるのが主な目的です。

● プライバシーポリシーの作成方法

Jimdoにはプライバシーポリシーのページがあらかじめ用意されており、フッターエリアとフォームにリンクが貼られています。内容を編集するには、管理メニューから［基本設定］→［プライバシー・セキュリティ］を選択します。なお、初期状態で入っている文面は編集できませんが、設定で全体を非表示にすることができます。

● プライバシーポリシーを作るときのポイント

ここではサンプルの文章を使ってポイントを解説します。契約書のような条文で構成されたプライバシーポリシーもありますが、基本的にはサンプルにあるような内容が網羅されていればよいでしょう。このような文面を、自分のお店や会社の状況に合わせて書き換えます。

株式会社xxx（以下「当社」）は、以下のとおり個人情報保護方針を定め、個人情報保護の仕組みを構築し、全従業員に個人情報保護の重要性の認識と取組みを徹底させることにより、個人情報の保護を推進致します。

【個人情報の管理】
　当社は、お客さまの個人情報を正確かつ最新の状態に保ち、個人情報への不正アクセス・紛失・破損・改ざん・漏洩などを防止するため、セキュリティシステムの維持・管理体制の整備・社員教育の徹底等の必要な措置を講じ、安全対策を実施し個人情報の厳重な管理を行います。

【個人情報の利用目的】
　お客さまからお預かりした個人情報は、当社からのご連絡、業務のご案内、ご質問に対する回答として、電子メールや資料の送付に利用いたします。

【個人情報の第三者への開示・提供の禁止】
　当社は、お客さまよりお預かりした個人情報を適切に管理し、次のいずれかに該当する場合を除き、個人情報を第三者に開示いたしません。
　― お客さまの同意がある場合
　― お客さまが希望されるサービスを行なうために当社が業務を委託する業者に対して開示する場合
　― 法令に基づき開示することが必要である場合

【個人情報の安全対策】
　当社は、個人情報の正確性及び安全性確保のために、セキュリティに万全の対策を講じています。

【ご本人の照会】
　お客さまがご本人の個人情報の照会・修正・削除などをご希望される場合には、ご本人であることを確認の上、対応させていただきます。

【法令、規範の遵守と見直し】
　当社は、保有する個人情報に関して適用される日本の法令、その他規範を遵守するとともに、本ポリシーの内容を適宜見直し、その改善に努めます。

【お問い合わせ窓口】
　当社の個人情報の取扱に関するお問い合せは下記までご連絡ください。
　　株式会社○○△△　取締役　○田□男
　　〒XXX-XXXX　XX県XX市XX町X-X-X
　　TEL:XXX-XXX-XXXX FAX:XXX-XXX-XXXX
　　メールアドレス :info@example.co.jp

（2017年4月1日現在）

❶ 必要なとき以外は使いません、ということを表明するために書きます。自社の業務に応じて変更します。

❷ 社内で具体的にとっているセキュリティ対策があればそれを記載してもよいでしょう。

❸ 会社名、担当者、連絡先といったお問い合わせ窓口を記載して、プライバシーポリシーに関する問い合わせを受け付けられるようにします。

❹ プライバシーポリシーは状況に応じて更新をすることがあります。更新をしたら、最終更新日の記載を最後に入れておきましょう。

CHAPTER 7

ホームページを
デザインしよう

SECTION 34　ホームページデザインのチェックポイント
SECTION 35　全体のレイアウトを決定しよう
SECTION 36　ホームページの背景を決定しよう
SECTION 37　ナビゲーションのデザインを決定しよう
SECTION 38　コンテンツ／フッターエリアのデザインを決定しよう
SECTION 39　文章や見出しのデザインを決定しよう
SECTION 40　ロゴとページタイトルを設定しよう
SECTION 41　余白と水平線でページを見やすくしよう

CHAPTER 07 ホームページをデザインしよう

SECTION 34 ホームページデザインのチェックポイント

ホームページの「中身」ができたら、いよいよデザインです。作業をする前に、ホームページをデザインするときのポイントをチェックします。

1 見る人のためにデザインをする

ホームページのデザインをするとき、自分（作る人）が「好きなテイスト」「かっこいい・かわいいと思うもの」といったことをベースに考えたくなりますが、一番最初に考えたいのは**見る人が素敵だと思うか**ということです。

自分のホームページを訪れそうな人を予想する

具体的に**どんな人がホームページを訪れそうか**を予想して、その人に向けたデザインを考えましょう。実際に「自分のホームページを訪れる人」については P.165 の方法で確認できます。

20代カップル

60代カップル

2 リンクがわかりやすくなるように工夫する

ホームページはリンクをクリックすることでページを行き来するので、リンクがクリックしやすいかということが「**使いやすさ**」につながります。

リンクが目立っているか

リンクの**文字の色や大きさ**がほかとは区別できる形で目立っていることで、目に入りやすくなります。また、**配置も重要**です。目に入りやすい位置にあるかチェックしましょう。

```
sampo*cafe（さんぽカフェ）
東京都新宿区新宿11-22-33 JMDビル3階        TEL：03-1234-5678
東京メトロ「新宿三丁目」駅 A2出口から徒歩3分  営業時間：11:00〜22:00
→店舗情報  →ご予約・お問い合わせ              定休日：月曜日
```

リンクだとわかる見た目（装飾）になっているか

一般的にリンクのある文字には下線が引かれている場合が多いため、**下線を引いた状態にするとリンクだとわかりやすくなります**。また、ボタンのような見た目にすることで「押せそうな感じがする」表現にするのも有効です。

3 どういうホームページなのか一目でわかるようにする

ホームページ（特にトップページ）を見たとき、そのホームページがどんな内容のホームページなのかわかるように、デザインで工夫をしてみましょう。

▶ トップページの最初の写真に力を入れる

トップページの最初の写真は、**ホームページ全体の第一印象を決定づけます**。写真と一緒にキャッチコピーがあると、さらに印象を強めることができます。

▶ コーポレートカラー（ベースカラー）を決める

デザイン調整の前に**ホームページのベースとなる色**を決めておきましょう。決めた色をもとに各所の色を設定すると、ホームページ全体に統一感が出ます。

▶ できればロゴを作る

お店や会社のロゴがホームページにあると、それだけで**きちんとした印象**になります。また、コンセプトや業務内容などもイメージとして伝わりやすくなります。

 TIPS　ロゴはどうやって作るの？

Jimdoにはロゴのような画像データを1から作る機能がないため、別の方法で作成したものをJimdoにアップロードする形になります。ロゴを作る方法は以下が考えられます。なお、クラウドソーシングとは、インターネット上でデザイナーなどの活動をしている人にお仕事を依頼できるサービスです。「ランサーズ（http://www.lancers.jp/）」や「クラウドワークス（https://crowdworks.jp/）」がよく知られています。

- 自分で作る（ただし、Adobe社のPhotoshopやIllustratorなどのグラフィックソフトが必要）
- ロゴが作れる知人などに依頼する
- クラウドソーシングを利用する

CHAPTER 07 ホームページをデザインしよう

SECTION 35 全体のレイアウトを決定しよう

Jimdoに登録するときに仮に選んだものからレイアウトを変更します。ホームページの目的や、見せたいターゲットとなる人に合わせてレイアウトを選択します。

レイアウト選択のポイント

Jimdoでレイアウトを選択するときは、「カラム（段組）の数」「ナビゲーションの場所」「ロゴやページタイトルの位置」に注目して見ていくとよいでしょう。

1 1カラムか2カラムか

Jimdoが提供するレイアウトの中には、段組のない「1カラム」のものと、大きな段組があらかじめ設定されている「2カラム」のものがあります。

● 1カラム

コンテンツを横幅いっぱいに広げられるので、**大きな写真を入れてインパクトを出すのに有効**です。ただし、1カラム全体に文字を入れると1行あたりの文字数が多すぎて読みづらくなる場合があるため、画像を使ったりしながら読みやすいレイアウトになるような工夫をします。

● 2カラム

コンテンツが入るエリアの左側または右側の領域にサブナビゲーションが入ったり、全ページ共通で入れたいコンテンツを表示させたりすることができます。**ページ数が多い場合や、見せたい情報が常に目に入るようにしたい場合に有効**です。なお、2カラムの中でも「2つのブロックに分かれている場合❶」と、「1ブロックが2つに分かれている場合❷」があるので、確認しておきましょう。

2 ナビゲーションの見え方

ナビゲーションは全ページ共通で入りますが、レイアウトによって見え方が異なります。大きく分けると「横並び」「縦並び」「ナビゲーションボタン」の3種類があり、表示位置もさまざまです。

●横並び

各ページへのリンクが横並びになるタイプです。**1行で横に並べるときれいに見えます**が、ページ数が多かったり、ページの名前が長いとナビゲーションが改行され、デザインのバランスが取りづらくなります。ページ構成に合わせて検討しましょう。

●縦並び

コンテンツの左または右に、各ページへのリンクが縦に並ぶタイプです。ページが増えても下に伸びるので**レイアウトに影響が出ないのが特徴**です。ページが頻繁に増えたりするようなホームページに向いています。

●ナビゲーションボタン

ナビゲーションボタンとは、≡のようなボタンのことです。その見た目から「ハンバーガーボタン」とも呼ばれます。最近スマートフォンのサイトやアプリでよく見かけるタイプで、ボタンをクリックしないとナビゲーションが見えません。その分**コンテンツを入れる領域は広く確保できます**が、見る人が気づかない場合があるため**各ページへの誘導力が弱くなる**ことがあります。

3 ロゴやページタイトルの場所

全ページ共通で表示される「ロゴ」や「ページタイトルの文字」が表示される場所もレイアウトによって異なるので、チェックしておきましょう。

1 レイアウトを選択しよう

Jimdoでは、色違いなどのバリエーションも含めると**100以上のレイアウト**から選択できます。これまでに解説したポイントを参考に、レイアウトを選択してみましょう。

1 レイアウト選択画面を表示する

管理メニューから［デザイン］をクリックし、［レイアウト］をクリックします。

2 レイアウトをプレビューする

画面の上部にレイアウトの一覧が表示されます。レイアウトの画像をクリックすると、ホームページがそのレイアウトに切り替わり、プレビューを見ることができます。ここでは「Berlin」をクリックしています。

> **MEMO**
>
> それぞれのレイアウトには世界の都市名が付けられています。

3 プリセットを表示する

それぞれのレイアウトには、そのレイアウトをベースにした別バージョンの「プリセット」がいくつか用意されています。プリセットを表示するには、レイアウト画像にマウスポインターを合わせ、をクリックします。

4 レイアウトを確定する

レイアウト一覧の下の［保存］をクリックするとレイアウトが変更されます。［やり直す］をクリックすると元のレイアウトに戻ります。

✏ MEMO

［保存］をクリックしない限り、いろいろなレイアウトをクリックしてプレビューできます。また、プレビュー状態でナビゲーションにあるリンクをクリックするとページを移動することもできるので、ほかのページの状態もプレビューしてみましょう。

5 レイアウト一覧を閉じる

レイアウト一覧の右上にあるをクリックし、レイアウト一覧を閉じます。

TIPS　レスポンシブデザインについて

表示しているページのウインドウの幅を変更すると、幅に合わせて自動的に見た目が変化するデザインのことを「レスポンシブデザイン」と呼びます。一つのページをパソコンで見てもスマートフォンで見ても最適な見た目になる近年主流の手法です。右の画面で右上のアイコンをクリックすると、スマートフォンで表示した場合のデザインが表示されます。なお、Jimdoではすべてのレイアウトがレスポンシブデザインに対応しています。

CHAPTER 07 ホームページをデザインしよう

SECTION 36 ホームページの背景を決定しよう

Jimdoでは、ホームページの背景をさまざまな表現で設定することができます。ここでは、背景変更のポイントと設定方法について見ていきましょう。

背景を選ぶポイント

背景はホームページ全体に影響する部分です。選び方によっては見づらいサイトになってしまう場合があるので、以下のポイントに気を付けて設定するとよいでしょう。

1 文字とのコントラストを意識する

ホームページ内の文字と背景が近い色の場合、文字が背景に埋もれてしまい見づらくなってしまいます。**色の濃さや色調をはっきり区別してコントラストを高める**ことで見やすくなります。

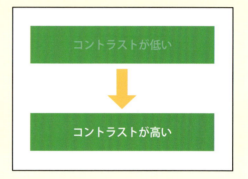

2 写真を見せる場合、背景はシンプルに

ホームページの中で写真を大きく見せたり、作品や商品などを見せたりするような場合は、**背景をシンプルなものにしたほうが写真が映えます**。背景色も白や黒などのほうが写真の色が引き立ちます。

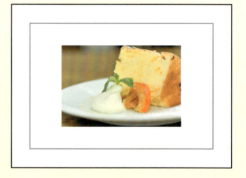

3 写真を背景にするときには特に注意

写真を背景画像にすることもできますが、たくさんの色が使われている写真を使うとページの中でところどころ**文字が見づらくなる場合があります**。注意が必要です。

写真の上に文字を置くと、写真の内容によっては上に乗った文字が見づらくなったりします。

1 単一色の背景に設定しよう

ホームページの背景色を変えてみましょう。背景色を変更すると、指定した色でページの背景が塗られます。

1 背景の設定画面を表示する

管理メニューの［デザイン］をクリックしたあと、［背景］をクリックします。

✏️ **MEMO**

選択したレイアウトによっては、自動的に背景色や背景画像が設定されていることがあります。この場合、登録されている背景の一覧が表示されます。

2 背景色の設定画面を表示する

背景の設定画面で［＋］をクリックすると、設定可能な背景の種類の一覧が表示されます。ここでは［カラー］をクリックします。

3 背景色を選択する

色の選択画面が表示されます。カラーパレットの左側のポインターをドラッグし、色の明るさと鮮やかさを調整します。続いて、右側のカラーバーを上下にドラッグし、色を調整します。調整をすると、リアルタイムで左側のサンプルの色が変わり、ページの背景色もその色に変わります。

CHAPTER 7 ホームページをデザインしよう

4 すべてのページに背景の設定を反映する

［この背景画像をすべてのページに設定する］をクリックすると、すべてのページの背景色が変更されます。［カラー設定］の左の［×］をクリックすると、設定時に表示しているページのみ背景色が変わります。

5 背景色を確定する

下に表示されているプレビュー画面でページの表示を確認します。［保存］をクリックすると背景色が確定します。［やり直す］をクリックすると設定前の背景色に戻ります。

 TIPS ホームページの背景色は全ページで統一しよう

Jimdo ではページごとに背景の設定を変えることができますが、一つのホームページ内では、原則として同じ背景の設定を使いましょう。むやみに背景を変えてしまうとホームページ全体での統一感がなくなるため、見る人が同じホームページにいるのかどうかがわからなくなり、混乱を招く可能性があるためです。

 TIPS 確定したあとに背景色を変えたい場合は？

管理メニューの［デザイン］をクリック後、［背景］を選択すると、設定した背景色のブロックが表示されます。このブロック内の ⚙ をクリックすると、背景色を変更することができます。

2 オリジナル画像を背景に設定しよう

自分で準備したオリジナルの画像を背景として設定します。

1 1枚の画像を背景に設定する

P.107の手順1～2の操作で背景の種類の選択画面を表示し、［画像］をクリックし、自分のパソコン内にある画像を選択します。P.108の手順4の操作ですべてのページに背景画像を反映します。

2 背景画像の中心位置を調整する

画像の上の○をドラッグして、画像のどの部分を基準にして背景表示するかを指定できます。初期状態では中心部分に設定されます。最後に［保存］をクリックします。

3 画像が切り替わる背景に設定しよう

複数の画像を使って、一定時間ごとに画像が切り替わる背景に設定します。

1 複数の画像を切り替えて表示する

P.107手順1～2の操作で背景の種類の選択画面を表示して、［スライド表示］をクリックし、自分のパソコン内にある画像を選択します。

2 2枚目以降の画像を設定する

まず1枚目の画像が設定されました。続いて［＋］をクリックして、2枚目以降の画像を設定します。スライドバーをドラッグし、写真が切り替わる速度の設定をします。P.108の手順4の操作ですべてのページに背景画像を反映し、［保存］をクリックして確定します。

4 動画を背景に設定しよう

オリジナルの動画を背景に設定することもできます。

1 動画を背景に設定する

あらかじめYouTubeまたはVimeoで公開している動画を背景として設定することができます。P.107手順1～2の操作で背景の種類の選択画面を表示し、［動画］をクリックします。

> ✎ **MEMO**
>
> YouTubeやVimeoは動画の共有に特化したサービスで、Jimdoとは別のサービスになります。

2 動画のURLを設定する

URLの入力欄が表示されます。YouTubeやVimeoの動画ページのURLを入力し、［動画を追加する］をクリックします。

TIPS 背景画像は横幅「2000 ピクセル」以上のものを使う

Jimdoで背景画像を設定すると、画面の横幅いっぱいに引き伸ばされて表示されます。このとき、実際の画像の幅よりも画面の幅のほうが大きい場合、画質が劣化してぼやけた見た目になってしまいます。背景がぼやけていると、ホームページの見た目の印象が悪くなります。

ホームページを見るときの画面の大きさは見る人によってさまざまです。中にはパソコンの大きなモニターで見ている人もいるので、背景画像にはできるだけ大きな画像を設定するようにしましょう。目安としては、横幅が「2000 ピクセル」以上のものを意識するようにしましょう。

 TIPS 過去の背景は再設定できる

Jimdoでは、過去に設定した背景を「バージョン」として保存しておき、クリックすることで切り替えることができます。現在設定中の背景は青枠で囲まれます。
背景をクリックして切り替えた場合、「設定時に表示しているページのみ」の背景が切り替わり、すべてのページの背景は切り替わらないので注意が必要です。すべてのページの背景を切り替えたい場合は、設定したい背景の をクリックして、［この背景画像をすべてのページに設定する］をクリックしましょう。

背景の「バージョン」

CHAPTER 07 ホームページをデザインしよう

SECTION 37 ナビゲーションのデザインを決定しよう

各ページへのリンクメニューとなる「ナビゲーション」のデザインを設定します。全ページに共通で入るため、ホームページ全体の印象を決める重要な作業になります。

ナビゲーションのデザインのポイント

ナビゲーションはホームページ内を行き来するための「操作ボタン」の役割を果たします。このため、**ほかの場所よりも安定して目立ち、使いやすくなっていることが重要**です。
また、「リンクにマウスポインターを合わせた状態」の色を通常と違う色にすることで、直感的にわかりやすくなります。

1 スタイル設定の準備をしよう

この先の操作では［スタイル］を多用します。デザイン調整の前に、コンテンツそれぞれの設定を変更できるように、［スタイル］の詳細設定を変更しましょう。

1 スタイルの詳細設定をオンにする

管理メニューから［デザイン］をクリックし、［スタイル］をクリックします。［詳細設定］のスイッチをクリックして［オン］にします。

2 ナビゲーション全体の背景色を調整しよう

ナビゲーション全体の背景色を調整します。ナビゲーションの色味によって、ページのデザインの雰囲気が大きく変わります。

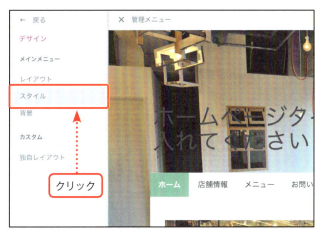

1 スタイル設定モードにする

スタイルの詳細設定が［オン］の状態で、管理メニューから［デザイン］をクリックし、［スタイル］をクリックします。

2 ナビゲーションを選択する

スタイル設定モードにすると、マウスポインターが に変わります。ナビゲーションエリアの文字がない部分にマウスポインターを移動し、水色の点線が実線に変化したところでクリックします。

3 背景色を設定する

上部の設定エリアに、選択した部分に関する設定項目が表示されます。［背景色］のボックスをクリックします。

> 📝 **MEMO**
>
> 選択したレイアウトによって設定できる項目が異なります。レイアウトによっては、配置の設定や、メニューを囲む線の色の設定ができます。

4 色を選択する

カラーパレットが表示されます。パレットの左側から色を選択するか、右側のグラデーションをドラッグして自分で色を作成します。色を変更するとリアルタイムでプレビューされるので、確認しながら調整して［選択］をクリックします。

5 プレビューを確認する

背景色を変更したら、プレビューを確認します。［保存］をクリックすると確定、［やり直す］をクリックすると元の色に戻ります。

> **MEMO**
> 設定が表示されているときに をクリックすると、レイアウトを初期状態に戻すことができます。

3 ナビゲーションのリンク部分の見た目を調整しよう

ナビゲーションエリアの中の、各ページへのリンク部分の見た目を調整します。背景とは別に設定ができます。

1 ［スタイル］でリンク部分を選択する

管理メニューの［デザイン］から［スタイル］をクリックし、ナビゲーション内の文字のいずれかをクリックします。

> **MEMO**
> ナビゲーション内のどの文字をクリックしても問題ありません。

2 フォントの種類を選択する

［フォント］のプルダウンメニューをクリックして開き、上部の検索窓に「ゴシック」と入力します。検索された「ゴシック」をクリックしてフォントを選択します。

3 プレビューを確認する

ページ上のナビゲーションの文字にリアルタイムで反映され、確認できます。

> 📝 **MEMO**
>
> フォントの一覧表示が消えない場合は、設定エリアの何もない場所をクリックします。

 TIPS ゴシック体と明朝体

フォントには非常に多くの種類があるため、Jimdoでは書体の特徴別に4つの分類に分けています。特によく使われるのは「ゴシック体」と「明朝（みんちょう）体」です。
「ゴシック体」はかっちりした印象や今風のイメージがある書体で、「明朝体」は品の高さや伝統的な雰囲気を出すときに使われる書体です。

ゴシック体	明朝体
游ゴシック	リュウミン
見出ゴ	HGP明朝
ヒラギノ丸ゴ	小塚明朝

4 フォントサイズを設定する

［フォントサイズ］のプルダウンメニューを開き、数字を選択します。選んだ大きさはリアルタイムでページに反映されます。

5 文字を装飾する

文字を太字や斜体にする場合は、［太字］［斜体］をクリックします。

> **MEMO**
>
> ナビゲーションではあまり斜体を使うことはありません。斜体にすると文字が若干読みづらくなるため、ホームページでは注釈などのあまり重要ではない情報に対して斜体が使われる場合が多いです。

6 通常時の文字色を設定する

［フォントカラー］のボックスをクリックし、カラーパレットから色を選択して［選択］をクリックします。

 TIPS 文字の大きさはどのくらいにすればよい？

ナビゲーションはページを行き来するための操作に必要です。基本的には、Jimdo で初期設定されている大きさよりも小さくしないほうがよいでしょう。コンテンツエリアとのバランスを見て、初期設定よりも大きくすることでわかりやすくなる場合があります。

7 アクティブ時の文字色を設定する

［フォントカラー（active）］のボックスをクリックし、カラーパレットから色を選択して［選択］をクリックします。

> **MEMO**
>
> Jimdoでは、「アクティブ時」とは下記の状態のことを指します。通常時とは異なる色にしたほうがわかりやすくなります。
> ・マウスポインターをリンク部分に合わせたとき
> ・そのページを表示しているとき

8 リンク部分の通常時・アクティブ時の背景色を設定する

リンク部分の文字の背景に敷かれる、通常時の色を設定します。［背景色］のボックスをクリックし、カラーパレットから色を選択します。同様に、［背景色（active）］を設定すると、アクティブ時の背景色を指定できます。

9 プレビューを確認して確定する

ナビゲーションを確認し、問題なければ［保存］をクリックして確定します。

CHAPTER 07 ホームページをデザインしよう

SECTION 38 コンテンツ／フッターエリアのデザインを決定しよう

ページの中身となる「コンテンツエリア」と、全ページ共通で最後に入る「フッターエリア」のデザインを設定します。

コンテンツ／フッターエリアのデザインのポイント

1 コンテンツエリアのポイント

コンテンツエリアは文章、写真、見出しなどが入る、もっとも見られることの多い場所になります。ここで気を付けることは**「内容が見やすいようにすること」**です。見出し、文字、写真、余白などの配置や分量のバランスがとれていると見やすいページになります。

2 フッターエリアのポイント

全ページの最下部にあるフッターエリアは**ホームページの「締め」の場所**といえます。背景色をヘッダーやナビゲーションと合わせると、締まった感じになります。フッターエリアには見る人にとってそこまで重要な情報が含まれないので、コンテンツエリアよりも文字の大きさを小さくする例もよく見かけます。

1 コンテンツエリアの見た目を調整しよう

一番広いメインのエリアであるコンテンツエリアの見た目について調整します。

1 [スタイル]でコンテンツエリアを選択する

スタイルの詳細設定が[オン]の状態（P.112参照）で、管理メニューの[デザイン]から[スタイル]をクリックし、コンテンツエリアの背景部分をクリックします。

2 背景色を設定する

上部の設定エリアに、選択した部分に関する設定項目が表示されます。[背景色]のボックスをクリックし、カラーパレットから設定したい色を選択します。ここでは少し透明にするので、図のバーをドラッグします。[選択]をクリックします。

> ✏️ **MEMO**
>
> 設定可能な項目は選択したレイアウトによって異なります。選択したレイアウトによっては配置や余白が設定できるものもありますが、通常は変更しない状態で問題ありません。

3 プレビューを確認して確定する

プレビューを確認し、問題なければ[保存]をクリックして確定します。

CHAPTER 7 ホームページをデザインしよう

2 フッターエリアの見た目を調整しよう

ページ最下部のフッターエリアの見た目を調整します。

1 [スタイル]でフッターエリアを選択する

管理メニューの[デザイン]から[スタイル]をクリックし、フッターエリア（無料版ではJimdoのロゴが入っている部分）の背景部分をクリックします。

2 フッターの設定をする

フッターエリアの設定画面では、「フォントの種類」「フォントの大きさ」「フォントの色」「背景色」の指定ができます。それぞれを設定します。

3 プレビューを確認して確定する

プレビューを確認し、問題なければ[保存]をクリックして確定します。

COLUMN　Jimdoで利用できるフォントの種類

● 無料版で選択できる日本語フォント

Jimdoの無料版では、日本語フォントは「明朝」と「ゴシック」の2つが選択できます。ただし、WindowsとMacのように異なるOSで見ると、同じページでもフォントの形や見た目が異なってきます。これは、ホームページを見る人のパソコンにあらかじめインストールされているフォントが表示されるためです。

Windows

Mac

● 無料版では「欧文フォント」がほとんど

Jimdoの無料版で選択できるフォントのほとんどが「欧文フォント」と呼ばれるものです。半角のアルファベットや数字のフォントの表示が変わるので、そういった文字を多く使っているホームページであれば、雰囲気を変えることができます。

また、選択したフォントに応じて日本語フォントも切り替わります。具体的には、図のように「セリフ」のついたフォント（セリフ体）を選択すると日本語フォントは明朝体、ついていないフォント（サンセリフ体）を選択すると日本語フォントはゴシック体になります。

● 有料版で選択できる「Webフォント」について

Jimdoの有料版では、さらに多くの日本語フォントを選択できます。これは「Webフォント」と呼ばれるもので、近年利用が増えています。パソコンにインストールされているものではなく、インターネット上にあるフォントのデータを読み込むので、どの環境でも同じ形のフォントを表示できます。

CHAPTER 07 ホームページをデザインしよう

SECTION 39 文章や見出しのデザインを決定しよう

ホームページの内容を読んでもらいやすくするためのポイントを押さえて、文章や見出しのデザインを調整しましょう。

読みやすい文章の見た目とは？

ホームページ上の文章の読みやすさを決めるポイントについて見ていきましょう。以下のことがホームページ全体で統一されていることが大切です。

●文字の大きさ

文字自体が大きければ文字そのものの視認性は上がりますが、大きくしたためにレイアウトが崩れることもあります。また、見出しと文章の文字の大きさに大きな差があると読みづらく感じます。**全体のレイアウトを見てバランスをとる**ことが大切です。

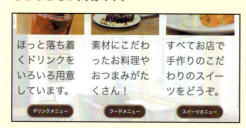

●文字の色

背景色と文字色のコントラストに差をつけることで文字が見やすくなります。薄い背景色なら濃い色の文字、濃い背景色なら薄い色の文字になるように意識しましょう（コントラストについてはP.106参照）。

●行間

複数行の文章の場合、**行間がある程度開いていること**も読みやすさのポイントです。文字の大きさに合わせて、狭すぎず広すぎず適度な行間を設定します。

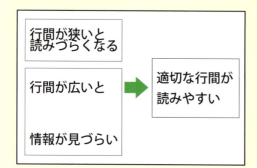

●強調部分を作る

長い文章の場合は、文章内で**重要なキーワードに対して強調表現を入れる**と、見る人が「ななめ読み」をしやすくなり、読んでもらいやすくなります。

1 文章の見た目を調整しよう

Jimdoのコンテンツ内の文章の見た目を調整してみましょう。

1 ［スタイル］で文章を選択する

スタイルの詳細設定が［オン］の状態（P.112参照）で、管理メニューの［デザイン］から［スタイル］をクリックし、ページ内の文章をクリックします。

✏️ MEMO

どの文章をクリックして設定をしても、ホームページにあるすべての［文章］コンテンツに対して同一の内容が設定されます。

2 フォントの種類を選択する

P.115を参考に、フォントの種類を設定します。

3 フォントサイズを決める

［フォントサイズ］のプルダウンメニューをクリックして開き、フォントサイズを指定します。

✏️ MEMO

近年は、ホームページの通常の文章のフォントサイズは「16px」に設定される場合が多くなっています。

CHAPTER 7 ホームページをデザインしよう

4 フォントカラーを決める

［フォントカラー］のボックスをクリックし、カラーパレットから色を選択します。［選択］をクリックします。

> 📝 **MEMO**
>
> フォントの大きさや色の指定は、個別の文章に対しても設定ができます（P.53参照）。まずはホームページ全体のベースとなるスタイルを設定し、そのあとで個別の文章について設定すると、ホームページの見た目に統一感が出しやすくなります。

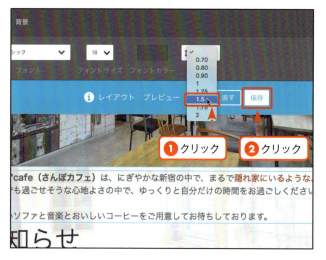

5 行間幅を決める

［行間幅］のプルダウンメニューをクリックし、行と行の間の余白を設定します。最後に［保存］をクリックします。

> 📝 **MEMO**
>
> 行間幅は「1行あたりの高さを文字の何倍にするか」を指定するものです。「1」だと文字の高さと同じということになり、余白がない状態になります。最近は「1.5」程度にすることが多いようです。

2 見出しの見た目を調整しよう

見出しの見た目を調整します。大・中・小それぞれの見出しの見た目を設定することができます。

1 ［スタイル］で見出しを選択する

管理メニューの［デザイン］から［スタイル］をクリックし、ページ内の見出しをクリックします。

> 📝 **MEMO**
>
> どの見出しをクリックして設定をしても、ホームページ全体の見出しに対して同一の内容が設定されます。

2 文字の見た目を設定する

見出しの文字に関する設定は文章と同じ項目のほかに、文字の装飾の設定ができます。適宜、設定します。

3 配置を設定する

コンテンツの横幅に対して、見出しの文字をどこに配置するかを設定できます。最後に［保存］をクリックして変更を確定します。

> **MEMO**
>
> ここでは「大見出し」の見た目を調整しました。同様の方法で、中見出しの見た目も変更しましょう。

TIPS　見出しのデザインは「重み付け」を意識

大見出し、中見出し、小見出しそれぞれの調整は「重み付け」を意識して調整するようにしましょう。文字の大きさや色などを大→中→小の順に目立つように設定することで、見る人に重み付けが直感的に伝わり読みやすさが向上します。

3 ボタンの見た目を調整しよう

Jimdoの［ボタン］コンテンツは3種類のスタイルから選ぶことができ、それぞれに対して見た目を調整することができます。

1 ［スタイル］でボタンを選択する

あらかじめボタンのあるページを表示しておきます。管理メニューの［デザイン］から［スタイル］をクリックし、ボタンをクリックします。

> **MEMO**
> ホームページ内にある同じスタイルのボタンは、1つをクリックして設定すると、ほかのものもすべて同一の設定になります。

2 ボタンの色を調整する

P.117を参考に「通常時」と「アクティブ時」の文字と背景の色を選択します。枠線の色も通常時、アクティブ時の設定ができます。

3 枠線の太さと角の丸みを調整する

［罫線のサイズ］のプルダウンメニューをクリックし、線の太さを指定します。［角丸］のプルダウンメニューをクリックすると、ボタンの角の丸みの調整ができます。最後に［保存］をクリックします。

> **MEMO**
> 数字が小さくなるほど丸みが小さくなります。「0」にすると四角いボタンになり、「max」にすると、左右が丸いボタンになります。

4 フォームの見た目を調整しよう

フォームについても見た目の調整ができます。ホームページのデザインに合わせて調整しておきましょう。

1 ［スタイル］でフォームの入力欄を選択する

あらかじめフォームのあるページを表示しておきます。管理メニューの［デザイン］から［スタイル］をクリックし、フォームの入力欄のいずれかをクリックします。

> ✏️ **MEMO**
>
> どの入力欄をクリックして設定をしても、すべての入力欄に共通の設定が反映されます。

2 枠線や文字の色を調整する

枠線や入力される文字の色を調整できます。ページのデザインに合わせて色味を調整しましょう。

> ✏️ **MEMO**
>
> フォームの項目の文字は、［文章］コンテンツの設定が適用されます。そのため、フォームの項目名の見た目だけを変更することはできないので注意しましょう。

3 ボタンの見た目を変更する

「ボタン」コンテンツと同様にフォームの送信ボタンの見た目を調整できます。P.126を参考に、見た目を調整します。最後に［保存］をクリックします。

CHAPTER 07 ホームページをデザインしよう

SECTION
40 ロゴとページタイトルを設定しよう

すべてのページの上部に表示されるロゴとページタイトルを設定します。ホームページの第一印象を決める重要な設定です。

💡 ロゴとページタイトルがホームページの印象を左右する

Jimdoには、ロゴの画像を設定する「ロゴ」エリアと、ホームページの名前や内容を文字で入れる「ページタイトル」エリアがあります。ロゴやページタイトルはホームページ全体のヘッダーに表示され、**「どういうホームページなのか」を見る人に伝える役割**を果たします。そのため、いずれか1つの設定は必須です。また、全ページに表示されるため**ホームページの印象を左右する要素**にもなります。特にロゴマークがある場合、その色味や雰囲気がホームページのデザイン全体に影響します。
なお、Jimdoのレイアウトの中には、ロゴ画像とページタイトルのいずれかしか入れられないレイアウトがあります。ロゴ画像を準備していない場合はレイアウトの選定に注意しましょう。

1 ロゴを設定しよう

ロゴ画像が準備できている場合は、ロゴ画像を設定します。

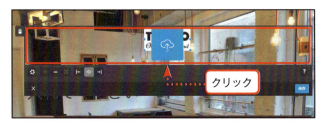

1 ロゴ画像の編集画面を表示する
ページ内の[ロゴエリア]をクリックします。

2 ロゴ画像をアップロードする
☁をクリックし、自分のパソコンからロゴ画像を選んでアップロードします。

> 📝 **MEMO**
> アップロードした画像が大きなサイズだった場合、ページの幅やレイアウトなどに合わせて自動的に縮小されます。

3 大きさと配置を設定する

画像の大きさは、[＋][－]でも調整できますが、画像の周りにある青いポインターをドラッグしても設定できます。設定できたら[保存]をクリックします。

> **MEMO**
>
> ⊠をクリックすると、画像の実際の大きさまでの範囲で、ロゴエリアの横幅いっぱいに画像を拡大させることができます。

2 ページタイトルを設定しよう

ページタイトルを設定します。内容としては会社名やお店の名前など、ホームページのタイトルになるものを入れるとよいでしょう。ロゴが設定されている場合は、ホームページの内容を説明する短い文章を設定するのも効果的です。

1 ページタイトルを設定する

ページ内の[ページタイトル]をクリックします。入力欄が表示されるので、表示したい文字を入力します。

2 ページタイトルの見た目を調整する

ページタイトルの文字の大きさや色は、「スタイル」機能で調整できます(P.123参照)。

CHAPTER 07 ホームページをデザインしよう

SECTION 41

余白と水平線でページを見やすくしよう

ここでは、余白や水平線を使い、より見やすく伝えやすくする方法について解説します。

「区切る」ことで情報を見やすくする

1つのページの中で複数の情報を表示するときは、**情報と情報の間を区切ることで見やすさがアップします**。余白を大きめに空けたり、線を入れたりすることで、情報の区切りがはっきりします。余白や水平線をうまく使って、「ここからは違う情報ですよ」ということが一目でわかる工夫をしてみましょう。

1 情報と情報の間に余白を入れよう

見出しやコンテンツの間に余白を入れて見やすくします。

1 見出しの下に余白を入れる

余白を入れたい場所で、[コンテンツを追加] から [余白] を選択します。ここでは、[店舗情報] ページの、大見出し・中見出しの下と表の下に入れます。

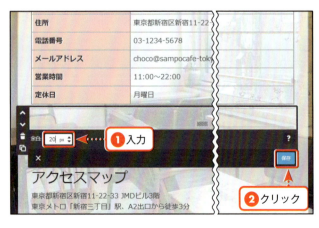

2 余白の幅を調整する

初期状態では 50px の余白ができます。矢印をクリックするか、数字を直接入力して余白の幅を修正し、[保存] をクリックします。

2 水平線で情報を区切ろう

線を引くことで、情報の区切りを視覚的にわかりやすくします。

1 水平線を追加する

区切りを入れたい場所で［コンテンツを追加］から［水平線］を選択します。すると、水平線が追加されます。

2 水平線が追加された

ページの横幅いっぱいに水平線が引かれます。

3 水平線の見た目を変更する

水平線の見た目は、「スタイル」機能で調整できます（P.113 参照）。

 TIPS　余白の幅に差をつけて見やすくする

ホームページを見る人は、余白の幅の違いをもとに、無意識の内に情報をグループ化します。そのため、コンテンツを1つのまとまりとして見せたいところは余白を小さめにして、余白の大きさに差をつけると見やすくなります。

COLUMN｜余白と水平線で洗練された印象にする

水平線と余白の見た目は地味ですが、ホームページのデザインにはとても重要な意味を持ちます。役割と設定のポイントを見ていきましょう。

● 水平線と余白の役割

「情報を区切る」という意味では水平線も余白も似たような役割を持っていますが、アプローチが異なります。水平線は見た目上の「区切り線」なので、ホームページの中で内容をはっきり区切りたいときに使います。余白は見た目上では区切られませんが、余白の取り方によって見る人が自然に「情報の区切り」を意識するため、情報が整理された印象を与えます。

水平線と余白を使い分けてホームページの情報を整えることで、見た目をすっきりさせ、洗練された印象にすることができます。

●「水平線」設定のポイント

実際に線が引かれるため、あまり多用すると素人っぽさが出てしまいます。あくまでも情報を明確に区切りたいときのみに利用し、装飾目的での利用は避けるようにしましょう。図のように見出しの前後に水平線を入れて装飾をするパターンはやりがちなのですが、話題の区切りではないのであまり好ましい使い方ではありません。

水平線を装飾として多用した例

●「余白」設定のポイント

ホームページ上の情報をグループ化したとき、図のように「大きなグループ」と、そこに含まれる「小さなグループ」の中で余白の取り方を変えると、見る人が自然に情報を整理しやすくなります。そして、それぞれのグループ内での余白の大きさをホームページ全体で揃えるようにすると、見る人が自然にそのホームページでの余白の取り方のルールを意識するため、見やすい印象を与えます。

CHAPTER

8

ホームページの完成度を高めよう

SECTION 42	リンクを設定してページを移動しやすくしよう
SECTION 43	共通エリアに必要な情報を掲載しよう
SECTION 44	フッターエリアの情報と役割について知ろう
SECTION 45	「トップへ戻るボタン」を設置しよう
SECTION 46	検索エンジン対策（SEO）をしよう
SECTION 47	写真を編集して印象をアップしよう

CHAPTER 08 ホームページの完成度を高めよう

SECTION 42 リンクを設定して ページを移動しやすくしよう

文字や画像にリンクを設定して、ホームページを見ている人が、ほかのページに移動しやすくしましょう。また、メールアドレスへのリンクを設定することもできます。

💡 リンクの見た目について考える

リンクは、「クリックする」というアクションを誘導するために**「ここはクリックできる場所だ」とわかるようにすること**が重要です。色や見た目について考えるときは、以下のことを意識するようにするとよいでしょう。

1 ほかのものとパッと見分けられるようにする

リンクが設定されていない文字と設定されている文字に違いがあまりないと、リンクが設定されていることがわかりづらくなります。リンクの文字は、通常の文字とは**はっきりと色や見た目が区別できるようにします**。

2 ホームページ全体で見た目を揃える

見る人は、ホームページを見ていくうちに**「この見た目のものはリンクなんだな」というルールを自然に認識します**。リンクやボタンの見た目がページごとに大きく違っていると混乱してしまう場合があるので、ホームページ全体で見た目を揃えるようにしましょう。

3 「青」は特別な色

Yahoo！やGoogleで検索したときのホームページへのリンクの色は「青」なので、**「青い文字」は「リンク」と認識している人が多い**といえます。リンクと認識してもらいやすいことを意識して、ホームページのリンクに青い色を設定するのも1つの方法です。逆に、リンクを設定していないのに青い文字を使うと、リンクだと勘違いされる可能性もあります。

「青い文字」は「リンク」と認識してもらいやすい

1 文字にリンクを設定しよう

たとえばホームページの更新情報を知らせるときは、更新したページへのリンクを設定したほうが見る人にわかりやすくなります。ここでは文字に対してリンクを設定してみましょう。

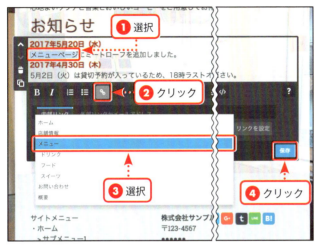

1 文字にリンクを設定する

文章をクリックし、リンクを設定したい部分をドラッグして選択し、🔗をクリックします。［内部リンク］のプルダウンメニューからリンク先を選択して、［保存］をクリックします。

MEMO

一度設定したリンクを解除する場合は、リンクを貼った場所をクリックし、🔗をクリックします。

2 リンクの見た目を変更する

スタイルの詳細設定が［オン］の状態（P.112参照）で、管理メニューの［デザイン］から［スタイル］をクリックし、リンクが設定されたテキストをクリックします。

3 リンクの色を調整する

「リンクが設定された文字の色」と「マウスポインターを乗せたときの色」がそれぞれ指定できます。P.134のポイントを踏まえながら、自分のホームページのデザインに合わせて色を指定します。

MEMO

選択したレイアウトによっては、リンクが設定された文字に自動的にアンダーラインが引かれています。アンダーラインは、ホームページ上で「リンクが設定されている」ことを示す表現としてよく使われます。

CHAPTER 8 ホームページの完成度を高めよう

② 画像やボタンにリンクを設定しよう

画像やボタンをクリックしたときに、別のページに飛ぶようにリンクを設定することができます。基本操作は文字に対するリンク設定と同じです。

1 特定の画像へのリンクを設定する

リンクを設定したい画像をクリックし、をクリックします。[内部リンク]のプルダウンメニューからリンク先を選択して、[保存]をクリックします。

> 📝 **MEMO**
>
> アイコンが表示されていない場合は、をクリックして表示します。

2 ボタンにリンクを設定する

ボタンをクリックし、をクリックします。[内部リンク]のプルダウンメニューからリンク先を選択して、[保存]をクリックします。

💡 TIPS　リンクを設定するなら、文字、画像、ボタンのどれがよい？

文字、画像、ボタンそれぞれが「閲覧者にどう見られるか」を意識して、リンクを設定するとよいでしょう。

- **文字**…見た目上あまり目立ちませんが、文章の途中でリンクを設定することもできるため、読んでいる途中で「これに関する詳しい情報がある」と閲覧者が認識できます。
- **画像**…バナーなどの画像を作成してリンクを設定すれば、目立つ形で誘導することができます。イメージ写真に対するリンクは閲覧者に認知されづらいため、文字を追加してリンクを設定しておくなどの工夫が必要になります。
- **ボタン**…ボタンはクリックをうながす形でデザインされているので、明確に「ここを押すと別のページに飛ぶ」ことを知らせることができます。十分な誘導文のあとでボタンを設置するのが効果的です。

3 メールアドレスへのリンクを設定しよう

メールアドレスへのリンクをクリックするとメールソフトが立ち上がり、閲覧者が送信先のメールアドレスを入力しなくてもメールを送信することができます。メール送信のための手間が減るので、問い合わせの機会が増えることが期待できます。

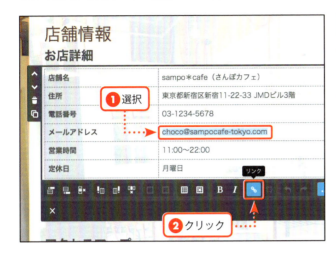

1 リンクを設定する場所を選択する

メールアドレスへのリンクを設定したい部分をドラッグして選択し、🔗 をクリックします。

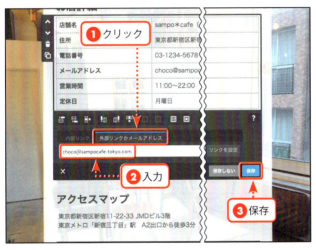

2 メールアドレスを入力する

［外部リンクかメールアドレス］をクリックし、リンク先に設定したいメールアドレスを入力します。最後に［保存］をクリックします。

📝 MEMO

［外部リンクかメールアドレス］欄に、ほかのホームページのアドレスを入力すると、「外部リンク」を設定することができます。「外部リンク」とは、自分のホームページ以外のホームページへのリンクのことです。

 TIPS リンクの動作確認をしよう

リンクを設定したあと、実際にリンクをクリックしてみて動作確認をするようにしましょう。編集状態のままでリンクをクリックしてもうまくジャンプしないため、以下のいずれかの方法で確認します。

・プレビュー画面に切り替えてから確認
・編集画面でリンクが設定している場所にマウスポインターを合わせ、🔗をクリック

CHAPTER 08 ホームページの完成度を高めよう

SECTION 43 共通エリアに必要な情報を掲載しよう

コンテンツエリアのほかに、ページの下部またはコンテンツエリアの横に全ページ共通で表示されるエリアが自動的に作成されます。このエリアには自由にコンテンツの追加ができ、追加したものはすべてのページに表示されます。本書ではこのエリアのことを「共通エリア」と呼びます。

全ページ共通で見せるのに適した情報とは？

共通エリアには、**どのページにいても閲覧者が知りたいと思う可能性のある情報**や、**常にアピールしておきたい情報**などを入れておくとよいでしょう。たとえば、以下のようなものが適しているといえます。

- お店や会社の住所や連絡先
- お問い合わせフォームへの誘導
- キャンペーンや新製品など、多くの人に目に入ってほしいバナー
- SNSでの発言やブログ更新情報などの最新情報

1 共通エリアにお店の情報を掲載しよう

本書のサンプルホームページはカフェのページなので、営業時間や定休日のようなお店の基本情報と、連絡先を共通エリアに入れておくと見る人にとって便利です。今回はこの情報を入れてみましょう。

1 カラムを削除する

P.51 手順 3 を参考に、共通エリアにサンプルで入っているカラムを削除します。共通エリアにあるカラムをクリックし、［カラムを編集］をクリックして 🗑 →［はい、削除します］をクリックします。

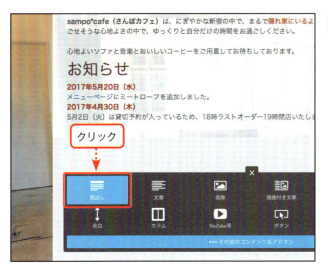

2 見出しを入れる

共通エリアの余白の下で［コンテンツを追加］をクリックし、［見出し］をクリックします。

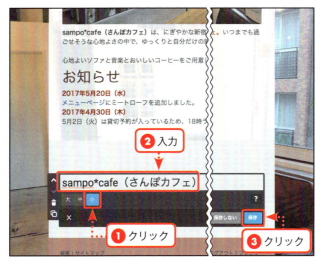

3 お店の名前を入れる

［小］をクリックし、お店の名前を入力して［保存］をクリックします。

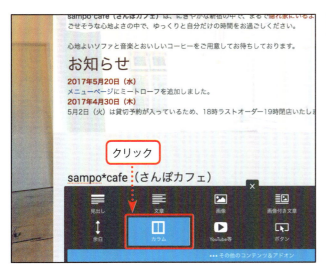

4 カラムを追加する

カラムを使ってお店の基本情報を左右に並べます。お店の名前の下で［コンテンツを追加］をクリックし、［カラム］を選択します。

CHAPTER 8 ホームページの完成度を高めよう

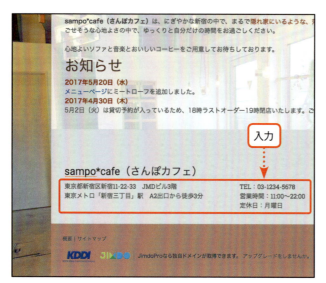

5 情報を入力する

左右の［コンテンツ追加］から［文章］をクリックして、お店の情報を入力します。ここでは図のように入れました。左右の文章のバランスをとるときれいに見えます。

6 ページへのリンクを設定する

共通エリアにお店の情報や予約フォームのリンクを設定しておきましょう。わざわざ上のナビゲーションに戻らなくてもページへアクセスができるので、見る人にとって便利になります。

2 共通エリアの見た目を調整しよう

7章を参考に、共通エリアの見た目を調整します。

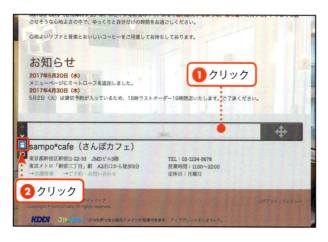

1 余白を調整する

サンプルの手順では上部に余白が入っているので、余白部分をクリックして→［はい、削除します］で削除します。

> **MEMO**
>
> 今回のサンプルでは、上部のナビゲーションの背景色と下部の共通エリアの背景色を同じ色にします。こうすることでサイトとしてのまとまりが出て、ページが締まった印象になります。

2 調整箇所を選択する

管理メニューの［デザイン］から［スタイル］を選択し、共通エリアの背景部分をクリックします。

3 背景色を設定する

共通エリアの背景部分の設定エリアが表示されます。背景色を設定します。

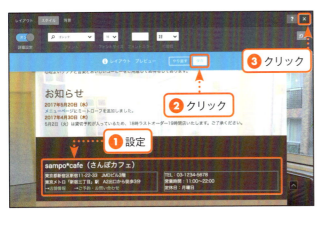

4 文字色とフォントを調整する

次に共通エリアの見出し（店名）と文章内の文字それぞれをクリックし、文字の色とフォントの種類を設定します。調整できたら［保存］をクリックします。右上の［×］をクリックしてスタイル調整画面を閉じます。

CHAPTER 08 ホームページの完成度を高めよう

SECTION 44 フッターエリアの情報と役割について知ろう

ページの最下部のフッターエリアには、Jimdoでは自動的にさまざまな情報が入り、全ページ共通で表示されます。この情報の内容と役割について知っておきましょう。

フッターエリアに必要な情報とは？

ページの最下部にあるフッターエリアは、全ページに共通のものが置かれることが多くあります。そうすることで**ホームページ全体のデザインの統一感**を保ち、見ている人が「今は●●のホームページを見ている」と感覚的にわかります。ヘッダーエリアや共通エリアと比較するとフッターエリアはページ最下部の目立たない位置にあるので、積極的に情報発信をするには不向きです。しかし、**だからこそ掲載したい情報**というものもあります。たとえば以下のような情報です。

- 著作権表記（コピーライト）
- プライバシーポリシー（個人情報保護方針）
- サイトマップ
- 運営者の名前や基本情報
- 関連サイトへのリンク

法律に関係するものやサイトマップなどの「必要なときだけ見ればよい情報」や、「ホームページの運営母体がどこなのか」を明示するための情報などは、フッターエリアに掲載するのに向いています。

1 Jimdoでフッターエリアに設定されている情報

JimdoFree（無料版）では、初期状態でフッターエリアに以下の情報が入っています。無料版ではこれらの情報を削除したり非表示にしたりすることはできません。

概要：下部に広告が入った特殊なページです。ホームページに関する説明などを記載しておくとよいでしょう。

サイトマップ：「ナビゲーション」で設定したとおりにホームページ内の各ページのリストが表示されます。このページは編集できません。

ログイン（ログアウト）：ページの管理者用のログイン画面です。クリックするとパスワード入力画面になります。

広告：Jimdoの広告が表示されます。

2 フッターエリアを編集しよう

Jimdoでは、コピーライト表記の設定、プライバシーポリシーの設定ができます。

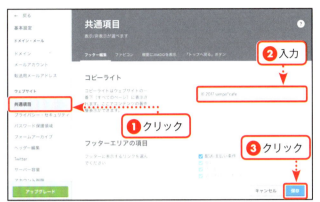

1 コピーライト表記を設定する

管理メニューの［基本設定］から［共通項目］をクリックし、［フッター編集］を表示します。「コピーライト」の入力欄に記載したい内容を入力し、［保存］をクリックします。

> **MEMO**
>
> ［フッターエリアの項目］内の配送／支払い条件のチェックボックスは、ネットショップ機能を使った場合に有効になります。

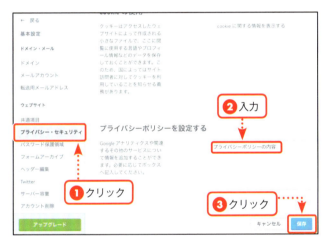

2 プライバシーポリシーを設定する

同じく［基本設定］の中の［プライバシー・セキュリティ］をクリックします。「プライバシーポリシーを設定する」の入力欄にプライバシーポリシーページに掲載したい内容を入力し（P.98参照）、［保存］をクリックします。フッターに「プライバシーポリシー」ページへのリンクが表示されるようになります。

 TIPS コピーライト表記について

コピーライトとは「著作権」のことです。写真や音楽、本や絵などすべての作品に著作権があります。「この作品（ホームページ）は私が所有者です」ということを示す表記で、記載例は以下のとおりです。

CHAPTER 08 ホームページの完成度を高めよう

SECTION 45 「トップへ戻るボタン」を設置しよう

Jimdoでは「トップへ戻るボタン」を簡単に設定できます。ここではその役割と設定方法を見ていきます。

「トップへ戻るボタン」でページの移動がスムーズに

「トップへ戻るボタン」は、ページの下の方を表示しているとき、**ページの最上部へワンクリックで戻るためのボタン**です。このボタンを設定すると、画面上部にあるナビゲーションにすぐに戻れるので、**ほかのページへの移動がスムーズになります**。自分で設置するにはプログラムの知識が必要ですが、Jimdoでは設定画面から簡単に表示設定ができるので、設定しておくとよいでしょう。

「トップへ戻るボタン」をクリックすると、

ページの最上部が表示される

1 「トップへ戻るボタン」を設定しよう

「トップへ戻るボタン」が表示されるように設定します。設定したら、「トップへ戻るボタン」の表示と動作を確認しましょう。

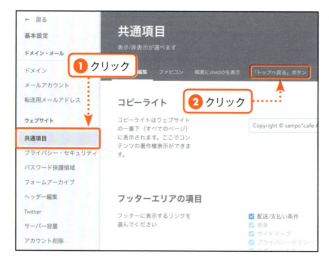

1 設定画面を表示する

管理メニューの［基本設定］から［共通項目］をクリックし、上部メニューから［「トップへ戻る」ボタン］をクリックします。

2 表示設定をする

[「トップへ戻る」ボタンを表示する]のスイッチをクリックしてオンにします。[「トップへ戻る」ボタンの表示位置]で左右のいずれかを選択し、[保存]をクリックします。

> 📝 **MEMO**
>
> 「トップへ戻るボタン」の設定では、表示位置の設定のみが可能です。ボタンの色や表示内容などの変更はできません。

3 「トップへ戻るボタン」の表示を確認する

プレビュー画面でコンテンツが多く入っているページに移動し、ページを下にスクロールします。ある程度スクロールすると「トップへ戻る」ボタンがページの下部に表示されます。

> 📝 **MEMO**
>
> ページに入っているコンテンツの量が少ないと、「トップへ戻るボタン」が表示されない場合があります。スクロールバーが表示される程度の長いページで表示確認をしましょう。

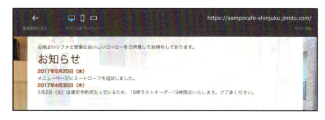

4 「トップへ戻るボタン」の動作を確認する

「トップへ戻るボタン」をクリックすると、画面がページの上部へ移動します。

 TIPS ボタンは左右どちらに配置する？

「トップへ戻るボタン」の配置は左と右が選択できますが、初期状態は「左」が選択された状態になっていますが、できれば「右」に配置するほうがよいでしょう。ページを見るときの人の目の動きは、「左上から右下」に移動するといわれています。そのように考えると、ボタンは左下にあるよりも右下にあるほうが目に入りやすいということになります。

CHAPTER 08 ホームページの完成度を高めよう

SECTION 46 検索エンジン対策（SEO）をしよう

Jimdoでは、Yahoo!やGoogleなどの検索エンジン向けの情報の設定をすることができます。これを設定することで、検索結果で上位に入りやすくなったり、検索した人にわかりやすい情報を表示したりすることができます。

Jimdoの無料版でできる検索エンジン対策

Jimdoの無料版でできる検索エンジン対策としては以下があります。これらの**3項目は検索エンジン対策としては必須項目**です。必ず設定するようにしましょう。

1　全ページ共通のページタイトルの設定
すべてのページに共通したページタイトルを設定できます。お店の名前や会社名などの「ホームページのタイトル」を入れるのがよいでしょう。

2　トップページのタイトルの設定
全ページ共通のものとは別に、トップページだけに適用するタイトルを指定できます。キャッチコピーや業務内容など、検索されたいキーワードを含んだものがよいでしょう。

3　トップページの説明文の設定
検索したときにタイトルの下に表示される説明文の設定ができます。ページの内容を簡潔に、魅力が伝わるように設定します。

1 全ページ共通のページタイトルを設定しよう

ここでは、すべてのページに共通で表示されるページタイトルの設定について見ていきます。

1 設定画面を開く

管理メニューの［パフォーマンス］をクリックし、［SEO］をクリックします。［ウェブサイト］をクリックします。

2 ページタイトルを設定する

初期状態では「(Jimdoのアカウント名) ページ！」となっています。この内容を変更し、[保存] をクリックします。

> ✎ **MEMO**
> 入力する内容については、P.156を参照して下さい。

2 各ページのタイトルと説明文を設定しよう

次に、ページ単体（ここではトップページ）のタイトルと説明文を設定してみましょう。

1 設定画面を表示する

設定したいページを表示した状態で、管理メニューの[パフォーマンス]から[SEO]をクリックし、上部メニューから[ホーム]をクリックします。

2 ページのタイトルと説明文を設定する

[ページタイトル]にタイトルを入力し、[ページ概要]に説明文を入力します。

3 表示を確認して保存する

下部のプレビューエリアで、検索エンジンで検索したときの表示を確認できます。問題なければ[保存]をクリックします。

> ✎ **MEMO**
> 左図のように、ここで設定したページタイトルは「各ページのタイトル - 全ページ共通のページタイトル」の順序で表示されます。

CHAPTER 8 ホームページの完成度を高めよう

CHAPTER 08 ホームページの完成度を高めよう

SECTION 47 写真を編集して印象をアップしよう

写真はホームページの印象を大きく左右します。ここでは、ブラウザー上で画像の編集ができるウェブサービス「Canva（キャンバ）」を使って写真を加工してみましょう。

1 Canvaに写真を準備しよう

Canvaを使うにはまず最初に使いたいサイズを設定します。そのあと編集したい写真をCanvaにアップロードして加工をしていきます。

1 デザインを作成する。

P.155を参考にCanvaのアカウント登録を行い、ログインします。画面の左上にある［デザインを作成］をクリックします。

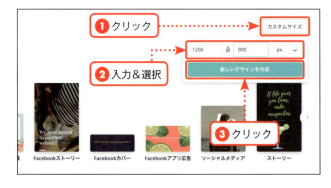

2 画面サイズを設定する

今回は横1200px×縦900pxサイズで作成します。画面の右上の［カスタムサイズ］をクリックし、サブボックスに図を参考に「1200」「900」を入力、単位は「px」を選択し、最後に［新しいデザインを作成］をクリックします。

3 写真をアップロードする

1200px×900pxのキャンバスが表示されました。次に、編集したい写真をCanvaにアップロードします。画面の左のオブジェクトパネルにある［アップロード］をクリックし、［画像をアップロード］をクリックします。

4 写真ファイルを選択する

ファイル選択の画面になります。編集したい写真ファイルを選択し、画面下の［開く］をクリックします。

> ✏️ **MEMO**
>
> アップロードできるファイル形式は「JPEG」「PNG」「SVG」で、サイズは25MB未満までです。

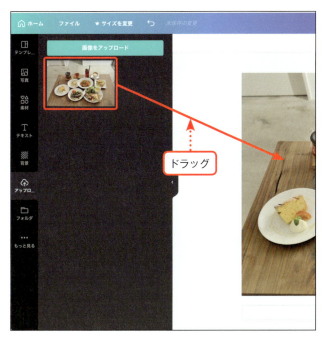

5 写真をCanvaに配置する

オブジェクトエリアに手順4でアップロードした写真が表示されます。アップロードした写真をキャンバス内にドラッグします。写真がキャンバスに合わせて吸着配置されます。

> ✏️ **MEMO**
>
> クリックすると写真がキャンバス内に単体として置かれます。

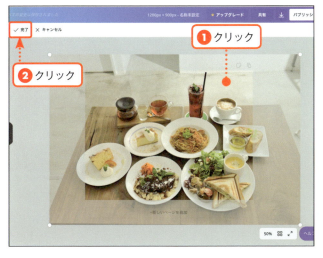

6 拡大・配置を調整する

写真をクリックすると拡大したり、配置を調整したりすることができます。最後に画面上部のツールバーにある［完了］をクリックします。

> ✏️ **MEMO**
>
> 拡大・配置を調整すると、キャンバスサイズに合わせて写真がトリミングされます。画面が見えづらいときは、右下の［ズーム］で画面表示を拡大縮小できます。

2 写真に効果を付けよう

Canvaでは簡単に写真に効果を付けたり、飾り枠などの装飾を付けることができます。

1 写真にフィルターをかける

Canvaには画像の色味を変えることができる「写真フィルター機能」があり、簡単に色味効果を付けることができます。写真をクリックし、ツールバーの[フィルター]をクリックします。

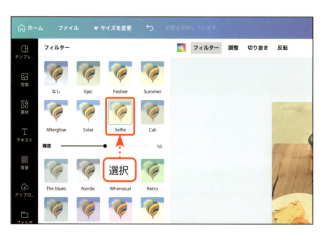

2 フィルターを選択する

フィルターの一覧が表示されました。今回は少し黄色味を付ける「Selfie」を選択します。

3 写真に飾り枠を付ける

Canvaにはさまざまな素材が用意されています。今回は写真に飾り枠を付けます。画面左のオブジェクトパネルの[素材]をクリックし、その中の「図形」の[すべて]をクリックします。

4 飾り枠を選択する

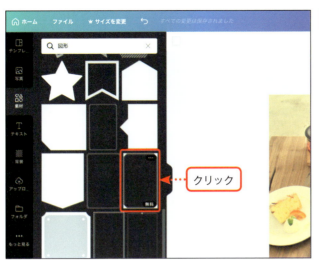

図形の一覧が表示されます。スクロールし、使いたい飾り枠をクリックします。

> **MEMO**
>
> Canvaの「素材」の多くは無料で使うことができます。素材の右下に［プレミアム］［プロ］と付いているものは有料です。有料素材を配置することは無料で行えますが、P.154のダウンロード時に支払い画面が表示されます。

5 大きさを調整する

キャンバスに飾り枠の図形が追加されました。飾り枠図形の上下と角にあるハンドルをドラッグし、大きさを調整します。

6 飾り枠の色を変更する

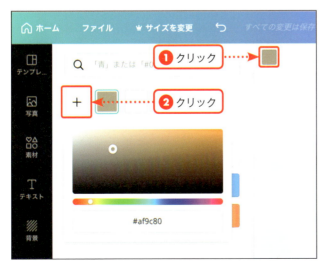

飾り枠図形の色を変更します。飾り枠が選択されている状態で、ツールバーのカラーパレットをクリックし、色をクリックします。カラーパレットに使いたい色がない場合は［＋］から使いたい色を指定することができます。

3 写真に文字を乗せよう

画像の上に文字を乗せることもできます。キャッチコピーなどのキャッチーな言葉を画像にうまく重ねると、説得力のある画像ができます。

1 テキストボックスを追加する

オブジェクトパネルから［テキスト］をクリックし、［テキストボックスの追加］をクリックします。

2 文字を入力する

「テキストプレースホルダ」が表示されました。このキャンバス上に表示された「テキストプレースホルダ」をクリックし、表示したい文字を入力します。

3 文字のサイズを変更する

文字の大きさを変更するには、ツールバーの［フォントサイズ］をクリックし、サイズを選択します。

> **MEMO**
> ［フォントサイズ］で直接数字を入力して変更することもできます。

4 文字の色を変更する

文字の色を変更するには、ツールバーの［テキストの色］をクリックして、文字の色を選択します。パレット以外の色を使いたい場合は［＋］から好きな色に変更することもできます。

5 フォントの種類を変更する

ツールバーの［フォント］をクリックすると、フォントの一覧が表示されます。その中から使いたいフォントを選択します。

> **MEMO**
>
> 日本語（全角）に欧文フォント（半角英数）を使用すると、文字化けをする原因になるので、日本語のときは日本語フォントを選択するようにします（P.121 参照）。

6 位置を調整する

テキストボックスを移動するには、いったん何もないところをクリックして選択を解除します。そのあと、テキストボックスをドラッグして位置を調整します。

4 画像をダウンロードしよう

Canvaで編集した画像をJimdoで利用するためには、ホームページ用の画像としてダウンロードする必要があります。

1 編集した画像をダウンロードする

ツールバーの⬇をクリックします。ファイル形式は「PNG（推奨）」を選択して、［ダウンロード］をクリックします。

2 ダウンロードされる

ダウンロード画面が表示されます。この画面が消えたらダウンロードが完了です。

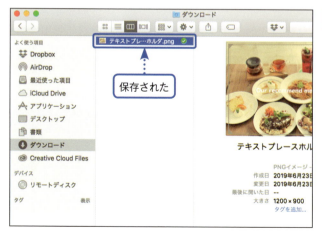

3 ファイルがダウンロードされた

パソコンのダウンロードフォルダーにPNGファイルが保存されました。このファイルをJimdoの［画像］コンテンツで使用することができます。

> **MEMO**
> 編集する手順によって、ファイル名は変わります。

画像の編集が得意なサービス「Canva」

Canva（キャンバ）は、Jimdoと同じくブラウザー上で使えるオーストラリアで開発されているウェブサービスで、バナー画像やチラシ・名刺などを簡単に作ることができます。基本的に無料で使うことができます。クリックやドラッグでかんたんにデザインができるだけでなく、無料で使える素材が豊富に用意されているので、デザイン未経験者でも気軽にはじめることができます。Jimdoと同じく株式会社KDDIウェブコミュニケーションズが日本語対応とサポートを行っています。
ここでは、Canvaを使うためのアカウント登録の方法を解説します。

❶ **アカウント登録を開始する**
Canvaを利用するには、はじめにアカウント登録が必要です。ブラウザーで「https://www.canva.com/」を開き、画面の左下の［メールアドレスで登録］をクリックします。

❷ **必要な情報を入力する**
「アカウントを作成する」エリアにある「氏名」「メールアドレス」「パスワード」を入力し、［アカウントを作成する］をクリックします。

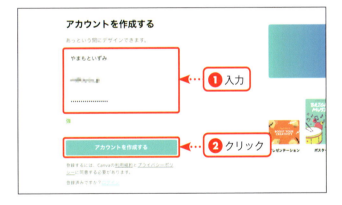

❸ **ログインを完了する**
登録した一番最初はテンプレート選択を求められます。どれでもよいので選択したあと、画面左上の［ホーム］メニューをクリックすると、P.148の作業をはじめることができます。一度ウィンドウを閉じても、次回からCanvaにアクセスすると自動的にログインされるようになります。

COLUMN　ページのタイトルと説明文には何を入れればよい？

Jimdo（無料版）の「SEO」機能では、「ホーム」のページのタイトルと説明文の設定ができます（P.146 参照）。この設定をしてもホームページの見た目には影響がありませんが、検索エンジンでの検索結果に影響する非常に重要な設定です。必ず設定をするようにしましょう。ここでは、タイトルと説明文にどういうものを入れるとよいか、例を挙げながら考えてみます。

まず大前提として、タイトルと説明文に設定したものは、検索エンジンでは以下の位置に表示されます。検索した人はこの内容を見ることになります。

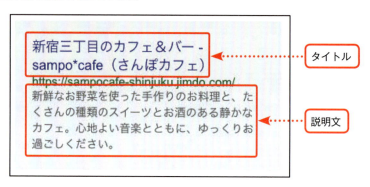

これを踏まえ、以下のことを意識して作成してみましょう。

●「タイトル」のポイント

・全部で 20 ～ 25 文字程度に抑える
あまり長いタイトルにすると、検索エンジンでの表示が省略されてしまいます。

・ホームページの内容がわかるものを入れる
社名、店名といった固有名詞だけではなく、業務内容、場所などが入れられるとよいでしょう。

・検索されたいキーワードを含める
検索されたいキーワードをタイトルに含めると、検索されやすくなります。

●「説明文」のポイント

・全部で 120 文字程度に抑える
文字制限を超えたものは検索エンジンで省略されます。また、スマートフォンでの検索結果表示はさらに文字数が少なくなり、50 文字程度になります。説明文の最初の方に重要なことを記載し、トータルで 120 文字程度になるような構成にするとよいでしょう。

・タイトルと同じことは書かない
タイトルと説明文は検索結果に一緒に出ますので、重複することはなるべく書かず、タイトルを補完するような内容にしましょう。

・見た人が中身を見たくなる内容にする
検索をする人は何かに疑問や不安を持っています。このホームページを見れば解決できる、ということを説明文で表現できると、クリックされる可能性は格段に上がります。

CHAPTER

9

ホームページを運用しよう

SECTION 48	ホームページをビジネスに活かそう
SECTION 49	第三者にホームページを見てもらおう
SECTION 50	「アクセス解析」で訪問者のことを知ろう
SECTION 51	アクセス解析からホームページの改善点を見つけよう
SECTION 52	スマートフォンのアプリを使ってみよう

CHAPTER 09 ホームページを運用しよう

SECTION 48

ホームページをビジネスに活かそう

いままで、ホームページを「作る」方法について解説をしてきました。そして晴れてホームページが完成、ゴール！と、安心されている方も多いかもしれません。ですが、実はホームページは完成してからが「スタート」なのです。

1 ホームページは「お店や会社」と同じ

リアル店舗とホームページはとてもよく似ています。たとえば、リアルなお店のカフェをオープンさせるためには、

①物件を借りて
②メニューを考えて
③内装や食器を選んで

と、しっかり準備をしてから、ようやく新店舗をオープンすることができます。

ホームページを作るときも、

①ホームページを作るためのツールを選んで
②どんな内容を掲載するのかを考えて
③見た目や機能を追加して

ようやくホームページが完成します。そうなんです。**ホームページは「お店や会社」と同じ**なんです。

お店をオープンする		ホームページを作る	
① 物件を借りる			ホームページを作るツールを選ぶ
② メニューを考える		 	掲載する内容を考える
③ 内装や食器を選ぶ	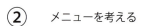		見た目や機能を追加する

2　ホームページの内容を改善していく

実際にお店や会社をスタートしたあとに、足りないものが見つかったり、想像していなかったトラブルなどが起きたりすることはよくあります。そうしたときはそのままにしないで、**状況に応じて足りないものを追加**したり、トラブルの原因を見つけて**同じことが起きないように今後の対策を練ったり**して、少しずつ「改善」をしていくことでしょう。

同じように、ホームページも完成したらそれで終わりではなく、公開したあとに見つかった足りなかったものを追加したり、**状況に応じて修正や改修を繰り返して「ホームページがよりよくなるように改善」していくことが重要**です。

しっかりと検証する

カフェのメニューで、そこまで力を入れていなかった商品が思いのほかお客さまからの人気があったりすると、メニュー表の順番を変えたり、仕入れを増やしたりして、多くの注文に対応できるようにしたりします。逆に、売りたい商品なのにイメージどおりに注文が入らなかったりすると、「こちら当店のおすすめです」とアピールして注文につなげることもあるでしょう。

同じように、絶対に見てもらいたいページがなかなか見てもらえない場合は、

- そもそもそのページへのリンクが正しく設定されているか
- リンクとしてわかりやすいか
- 導線はスムーズか

など、「**そのページにちゃんとたどりつけているか」を検証することが重要**です。状況に応じて「ホームページを"改善"」していくと、よりビジネスに活かせるホームページに近づけていくことができます。

3　変更があったときにはすぐに対応する

たとえばカフェのメニューで、値段が変更になったらすぐにメニュー表の値段を書き換えないとお客さまとのトラブルが発生してしまいます。ホームページでも、商品の値段が変わったり、商品自体が変更になったらすぐに変更するのはもちろん、営業時間や定休日など「集客」に影響が出る情報の変更があれば、すぐにホームページも修正対応をすることが重要です。その他、夏休みやお正月休みなど変則的な長期休暇などのお知らせなども同じです。

この**「すぐに対応する」ことが、ホームページそしてお店や会社の「信頼」につながります。**

変更内容は「お知らせ」などで告知するとよいでしょう

CHAPTER 09 ホームページを運用しよう

SECTION 49 第三者にホームページを見てもらおう

完成したホームページが使いやすいのか、見やすいのか、わかりやすいのか、などは、作った本人は主観がどうしても入るのでわかりづらいものです。ぜひ第三者の目を活用しましょう。

1 ユーザーテストを行おう

自分で作成したホームページは作った人の主観がどうしても入ってしまい、客観的な視点を持ちにくくなります。そういった場合、家族や友だちなど、気の置けない人たちにホームページを見てもらい、以下のことなどを聞いてみましょう。このように**第三者にホームページを使ってみてもらって意見や感想をもらうことを、「ユーザーテスト」**といいます。

- どういう印象があるか
- 行きたいページにたどりつけるか
- 知りたいことが知れるか
- お問い合わせしやすいか
- 何が書いてあるかわかるか、など

2 ユーザーテストのポイント

ただ単に「ホームページを作ったから見てみて！」と伝えるだけだと、「良いか、悪いか」の答えしか返ってきません。あらかじめ**「どういったところを見てほしいのか」を事前に伝えておく**と、意見や感想をもらいやすくなり、ホームページの改善につながります。たとえば以下のように具体的に聞くと、相手も答えやすくなります。

- パソコンで見ている？スマートフォンで見ている？
- トップページで「何屋さんのホームページかわかる？」
- （リアル店舗がある場合）お店の場所がどこにあるかわかる？
- 定休日は何曜日かわかる？
- ○○商品ページにたどりつける？
- 一番売りたい商品って何かわかる？
- お問い合わせしてみて。お問い合わせページってどこかわかった？フォームは使いやすかった？

返ってきた回答を聞いて、どこをどう改善していけばよいかを探していきます。
たとえば、以下のような工夫をしてみるのも改善方法のひとつです。

- 「定休日がわからなかった」という回答があったら、定休日の掲載場所を変えてみる
- 「お問い合わせできなかった」という回答があれば、お問い合わせページへのリンクを増やしてみたり目立たせてみる

CHAPTER 09 ホームページを運用しよう

SECTION 50 「アクセス解析」で訪問者のことを知ろう

アクセス解析を行えば、完成して公開したホームページに「いつ」「誰が」「どのページ」を見ているのかを数字で知ることができます。

1 「アクセス解析」とは？

たとえば、スーパーやコンビニ、パン屋さんなどのお店にある「レジ」では「来店した人数」や「何が売れたのか」や「金額」などがチェックできます。同じように、ホームページにも「いつ」「誰が」「どのページ」を見に来たのかをチェックできるしくみがあります。それが **「アクセス解析」** です。アクセス解析にはさまざまなものがありますが、インターネット検索で有名な「Google（グーグル）」が提供しているアクセス解析のサービス「Google アナリティクス」が有名です。

お店

「レジ」などで
来客数や売上をチェック

ホームページ

「アクセス解析ツール」で
訪問数や状況をチェック

どのようなデータがわかる？

アクセス解析のプログラムにもよりますが、以下のようなホームページに関するさまざまなことを知ることができます。

- 1日に何人来ている？
- どこに住んでいる？
- パソコンで見ている？スマートフォンで見ている？
- どんなキーワードで検索している？
- よく見られているページはどれ？

2 GoogleアナリティクスをJimdoに導入しよう

Google アナリティクスを Jimdo に導入する方法を紹介します。すでに Google アカウントを持っていることを前提に進めます。Google アカウントの新規登録は、「https://www.google.co.jp」の［ログイン］から行えます。

1 Google アナリティクスにアクセスする

新たにブラウザーを開き、Google アナリティクス「https://analytics.google.com/analytics/」にアクセスします。ログイン画面が出るので、Google アカウントでログインします。

2 アカウントを作成する

はじめて Google アナリティクスを使う場合は、左上にある［＋アカウントを作成］をクリックします。

3 ホームページの情報を登録する

作ったホームページの情報を設定していきます。［トラッキング ID を取得］をクリックし、「Google アナリティクス利用規約」の［同意する］をクリックします。

アカウント名	ホームページ名
ウェブサイト名	ホームページ名
ウェブサイトの URL	ホームページの URL
業種	ホームページの業種
レポートのタイムゾーン	日本

4 トラッキングコードをコピーする

登録が完了したら「トラッキングコード」というプログラムコードが表示されるので、コピーします。

5 Jimdo にトラッキングコードを設定する

ブラウザーで新しいタブを開き、Jimdoにログインします。管理メニューの[基本設定]から[ヘッダー編集]をクリックします。表示されたボックスの1行目に、手順4でコピーしたトラッキングコードをペーストして[保存]をクリックします。これで設定が完了です。

6 サイト URL で開く

P.30 手順2を参考にプレビュー画面を開き、ページ右上の[閲覧]をクリックして、実際のホームページを表示しておきます。

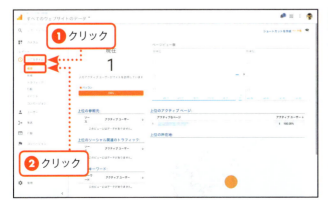

7 Google アナリティクスに反映されているかを確認する

Google アナリティクスが開いているタブに戻ります。左のナビゲーションから[リアルタイム]→[概要]をクリックします。[現在]の数字が「1」になっていると、手順6で開いたページがカウントされているということです。Google アナリティクスの反映が完了した目印になります。

CHAPTER 09 ホームページを運用しよう

SECTION 51 アクセス解析からホームページの改善点を見つけよう

Googleアナリティクスなどのアクセス解析ツールを入れると、さまざまなデータを見ることができます。単純にアクセス数を見るだけではなく、アクセス解析のデータを見て、ホームページの改善をしていくことができます。

1 いつ訪問しているのかをチェックしよう

アクセス解析のデータでは、「いつ（曜日や期間など）」ホームページに来ているかという「**期間ごとのアクセス数**」がわかります。これらをチェックすることで、アクセス数が上がる直前に新商品を掲載したり、アクセス数が少ないときにホームページの改修をしたり、といった作業のタイミングを決めることができます。

［ユーザー］→［概要］をクリック

- 1日のうちで、どの時間帯にアクセスが多いのか
- 1週間のうちで、どの曜日にアクセスが多いのか
- 1ヶ月のうちで、月の前半・中盤・後半でアクセスが多いのか
- 1年間のうちで、どの時期にアクセスが多いのか

2 誰が訪問しているのかをチェックしよう

「いつ」だけでなく、「誰」が訪問しているかもアクセス解析のデータで知ることができます。性別や年齢層で、ホームページを作っているときに**想定していた人たちが本当に来ているのか**、または**想定外の性別や年齢層の人が来ているのか**を確認します。想定していた人たちが来ている場合は、そのままその層に合わせた内容で更新していくとよいでしょう。

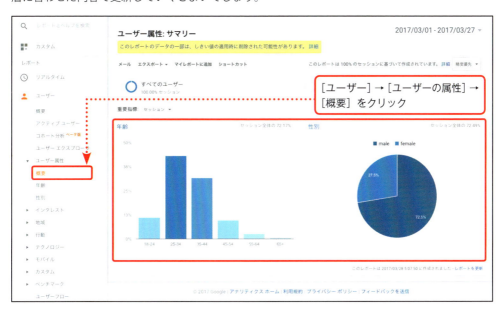

- 男女どちらの性別が多いのか
- どの年齢層が多いのか
- どの地域からアクセスしているのか
- パソコンでみているのか、スマートフォンでみているのか

逆に、想定外の人たちが多く来ている場合は、以下のことをあらためて検討して、今後の方針を決めます。その方針がそのままホームページ改修の指針になります。

- なぜ想定外の人たちが来ているのか、またはなぜ想定している人たちが来てないのか（見た目？文章の内容？そもそもの商品？）
- 想定外の人たちにもっとアピールしていくのか、それとも当初想定していた人たちにアピールしていくのか

3 どこからホームページに来たのかをチェックしよう

ホームページにアクセスしたきっかけなどの情報もアクセス解析から知ることができます。**どのルートでホームページに来たか**を知ることで、ホームページをどこにアピールしていけばよいのかの方針を立てやすくなります。

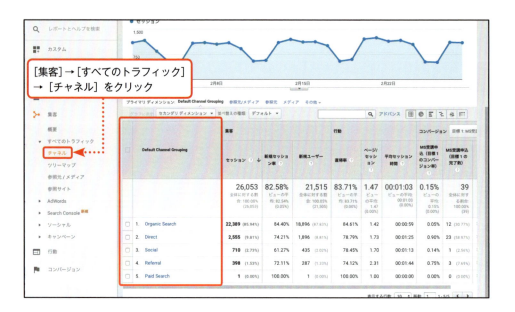

- どんなキーワードで検索して来たのか
- 直接ホームページアドレスを入力して来たのか
- だれかのブログで紹介され、ブログに貼ってあったリンクから来たのか
- Facebook や Twitter などの SNS のシェアから来たのか
- ウェブ広告から来たのか

4 どのページが人気かをチェックしよう

ホームページには、トップページ以外に「お問い合わせページ」や「商品紹介ページ」、「会社概要」など、さまざまなページがあります。いくつもあるページの中で、「**どのページが人気なのか**」もアクセス解析のデータで知ることができます。人気のあるページは、もっと見やすく手を加えることで、より注文数を増やせるようにもっていくことを考えます。あまり人気のないページは、「なぜ人気がないのか」を考えるきっかけになりますし、どこを改修していけばよいかを検討することもできます。また、「もしかしたら必要ないページかもしれない」となるかもしれません。

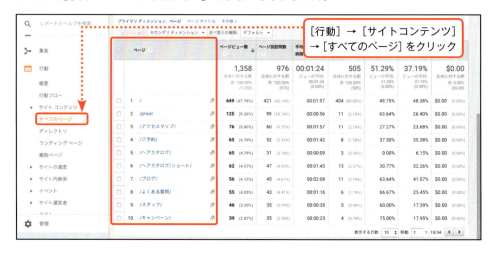

CHAPTER 09 ホームページを運用しよう

SECTION 52 スマートフォンのアプリを使ってみよう

Jimdoのスマートフォンアプリを使えば、いつでも手軽にホームページの更新や修正を行えます。ぜひ使ってみましょう。

1 効率的に更新、修正ができる

ホームページは「いつも旬の情報を届けられるかどうか」でアクセス数や注文数、お問い合わせ数が変わってきます。ホームページを作るときにはパソコンを使うほうが便利ですが、ちょっとした更新などのためにパソコンを開くのが面倒で更新が遅れてしまう……という方も少なくないかもしれません。Jimdoには、**スマートフォンアプリが無料で用意されています**。このアプリを使うことで、スピーディに更新できたり、修正したりすることができるのでおすすめです。

2 「Jimdo」アプリを入手しよう

「Jimdo」アプリは、iPhoneでは「App Store」アプリから、Androidでは「Google Play ストア」アプリから入手することができます。ぜひダウンロードして使ってみましょう。

iPhone版のホーム画面　　iPhone版の編集画面

COLUMN | **SEO対策のための更新**

● SEOとは？

ホームページ公開後、ホームページを育てて運用していくと「SEO（エスイーオー）」という言葉を聞く機会が増えてきます。「Search Engine Optimization（サーチエンジンオプティマイゼーション）＝検索エンジン最適化」の頭文字をとって「SEO」と呼んでいます。

インターネットで何か調べたいときは、Yahoo!やGoogleなどの検索エンジンを使って調べたい単語（キーワード）で検索すると、キーワードに合ったホームページのリストが表示されます。これはYahoo!やGoogleの「クローラー」というプログラムがインターネットの中にある膨大な量のホームページの中を巡って、キーワードに合ったホームページを探しだして表示するしくみになっています。このクローラーにホームページを見つけてもらいやすくするために対応することがSEOです。

● ホームページのどこがチェックされる？

クローラーは基本的には「ページタイトル」やページ内の「見出し」「文章」など、関連する内容を見て判断しているといわれています。なので、「お店の名前」や「地名」や「商品名」など直接検索キーワードに使われやすい単語は、「ページタイトル」や「見出し」「文章」などにしっかり記載することがとても重要です。

SEOの施策の方法などをもっと詳しく知りたいという方は、Googleが出している「検索エンジン最適化（SEO）スターター ガイド」がおすすめです。

URL：https://support.google.com/webmasters/answer/7451184

● 過度な期待を持ちすぎると危険

ホームページを作ったら検索結果でできるだけ最初のほうに表示させようと、さまざまな裏ワザを使う人も多く見かけます。さまざまな方法がインターネットや書籍で紹介されていますが、やり方によってはGoogleやYahoo!の方針に合っていないものも多くあります。そういった方針に合っていない裏ワザのようなものを使うと、検索結果の上位に来るどころか検索結果に表示されなくなることもよくあるので、十分に気を付けましょう。

また、SEOに過度な期待を持ちすぎると、怪しい業者に騙されてしまうこともあります。SEO業者からの話は内容だけでなく、金額なども含めて十分に検討することが重要です。

● いつも最新の情報を手にいれよう

Googleなどの検索エンジンの方針は日々進化しています。「1年前には大丈夫だったやり方も、今ではNG」ということも少なくありません。もしSEOのさまざまな対策をやってみようという方は、普段から最新の情報をチェックすることをおすすめします。Googleの最新の情報は「ウェブマスター向け公式ブログ」で更新されます。

URL：https://webmaster-ja.googleblog.com/

CHAPTER

10

ホームページの"ここが知りたい!" Q&A

SECTION 53　もう1つ新しいホームページを作るには?
SECTION 54　シェアボタンを追加するには?
SECTION 55　外部ブログの最新記事を自動表示するには?
SECTION 56　YouTubeの動画を表示するには?
SECTION 57　フォトギャラリーを作るには?
SECTION 58　独自ドメインを取得するには?
SECTION 59　未完成のページを非公開にするには?
SECTION 60　メールアドレスとパスワードを変更するには?
SECTION 61　Jimdoを退会するには?

CHAPTER 10 ホームページの"ここが知りたい！" Q&A

SECTION 53 もう1つ新しいホームページを作るには？

Jimdoのアカウントが1つあれば、複数のホームページを作ることができます。もう1つホームページが必要になったときに活用しましょう。

1 新しいホームページを作ろう

新しいホームページを作る操作は、「ダッシュボード」画面から行います。ダッシュボードでは、新しく作るだけでなくホームページの切り替えもできます。

1 ダッシュボードを表示する

［管理メニュー］をクリックし、［ダッシュボード］をクリックします。

> **MEMO**
> このときにログイン画面が表示されたら、メールアドレスとパスワードを入力してログインします。

2 ホームページ一覧を表示する

ダッシュボードが表示されました。右上の［全てのホームページ］をクリックします。

> **MEMO**
> ［全てのホームページ］の表示がない場合は、手順 3 に進みます。

3 新しくホームページを作成する

ダッシュボード画面内の［新しくホームページを作成］をクリックします。あとはP.27を参考に、新しいホームページを作成していきます。

4 新しいホームページができた

新しいホームページができました。このあとは今までと同じようにホームページの中身を作っていきます。

5 ホームページを切り替える

手順1と同様にダッシュボードから［全てのホームページ］をクリックすると、作成したホームページの一覧が表示されます。編集したいホームページの上部にある［編集］をクリックします。

6 ホームページを削除する

ホームページを削除したい場合は、手順5のホームページ一覧を表示し、削除したいホームページの右上にある□をクリックして、［削除］をクリックします。［設定］画面が開くので、チェックボックスをクリックしてチェックを入れ、［ホームページを削除する］をクリックします。

> **MEMO**
>
> この操作ではホームページだけが削除され、Jimdoのアカウント自体は削除されません。

 TIPS ホームページの表示順を変更する

ホームページの表示順は並べ替えることができます。表示順は、ホームページ一覧の左上にあるプルダウンメニューから選択できます。

CHAPTER 10 ホームページの"ここが知りたい！" Q & A

SECTION 54 シェアボタンを追加するには？

Jimdoでは、ホームページにアクセスした人が気に入ったページを、自分のTwitterやFacebookに「シェア」することができるボタンを設置できます。

1 「シェア」とは？

ここ数年で「シェア」という言葉をよく聞くようになりました。これは**モノや情報などを複数の人と「共有」すること**を意味します。インターネット上では、気になったページの情報をTwitterやFacebookなどのSNS（ソーシャルネットワーキングサービス）で紹介して知り合いと情報を共有するときに使います。クチコミと同じなので、各ページに「シェア」ボタンを付けることで**お店や商品情報などを広く知ってもらえる可能性が増えます。**

2 シェアボタンを追加しよう

Jimdoでは簡単にSNSにシェアできる「シェアボタン」が用意されています。

1 ［シェアボタン］コンテンツを追加する

シェアボタンを表示させたいところにマウスポインターを合わせ、［コンテンツを追加］から［シェアボタン］をクリックします。

> **MEMO**
> ［シェアボタン］がないときは［その他のコンテンツ&アドオン］をクリックすると表示されます。

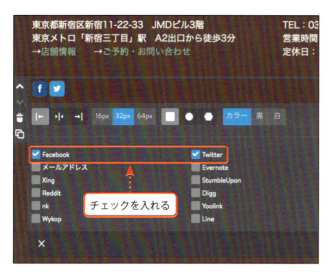

2 シェアボタンとして表示したいサービスを選択する

今回は「Facebook」「Twitter」のチェックボックスにチェックを入れます。

> 📝 **MEMO**
>
> Jimdoは世界的に使われているサービスなので、さまざまなSNSに対応しています。海外向けのホームページの場合は、その国でよく使われているSNSを選ぶとよいでしょう。

3 サイズ・形・色を選択する

シェアボタンの大きさを「大（64px）」「中（32px）」「小（16px）」から選択します。シェアボタンの形を「正方形」「正円」「六角形」から好きなものを選びます。最後に色を「カラー」「黒」「白」から選びます。

4 配置を設定する

シェアボタンの位置を「左」「中央」「右」から選びます。最後に[保存]をクリックします。

CHAPTER 10 ホームページの"ここが知りたい！"Q&A

SECTION 55 外部ブログの最新記事を自動表示するには？

Jimdo以外の外部サービスなどでブログを運営している場合、ブログを更新したら自動的にJimdoに最新記事を自動的に表示させることができます。

1 RSSデータを取得しよう

Jimdoに外部ブログの情報を自動掲載するには、**ブログが「RSS」という規格に対応している必要があります**。お使いのブログがRSSに対応していれば、ブログの「RSSデータ情報のURL（アドレス）」をコピーします。

1 Chromeの拡張機能を入れる

ブラウザーはGoogleChromeを使います。Chromeを開き、Google検索（http://www.google.co.jp）で「RSS Subscription Extension」と検索して「Chrome ウェブストア」の検索結果をクリックし、Chromeにインストールします。インストールが完了すると、ブラウザーのツールバーの右上に が追加されます。

2 RSSのURLをコピーする

ブログがRSSに対応している場合は、Chromeの右端にオレンジの が表示されます。 をクリックし、「RSS」もしくは「RSS2.0」の上で右クリックして、［リンクのアドレスをコピー］をクリックします。

3 新しいタブが表示された場合

手順 2 で吹き出しではなく新しいタブ（ウィンドウ）が開いた場合は、画面の右上にある［フィード］を右クリックし、［リンクのアドレスをコピー］をクリックします。

2 RSSをJimdoに設定しよう

コピーした RSS の URL を Jimdo に設定すると、ブログの最新記事が表示されます。

1 Jimdoの画面に切り替える

ブログの最新記事を表示させたいところにマウスポインターを移動し、［コンテンツを追加］→［その他のコンテンツ＆アドオン］から［RSSフィード］をクリックします。

2 コピーしたRSSのURLをペーストする

［RSSのリンクを入力］をクリックしたあと、右クリックして［ペースト］をクリックすると P.174 手順 2 でコピーした RSS のアドレスがペーストされます。そのあと［保存］をクリックします。

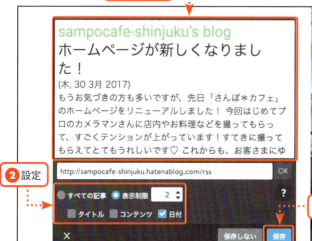

3 更新情報の表示設定をする

コンテンツエリアに、ブログ記事の情報が表示されます。表示件数や表示内容についての設定をして、［保存］をクリックします。

MEMO

利用しているブログサービスの種類によって、表示が変わります。

CHAPTER 10 ホームページの"ここが知りたい！"Q&A

SECTION 56 YouTubeの動画を表示するには？

動画共有サイト「YouTube（ユーチューブ）」に登録した動画を、Jimdoに貼り付ける方法を解説します。動画を活用すると、商品の使い方やお店の雰囲気をわかりやすく伝えることができます。

1 表示させたい動画のURLをコピーしよう

あらかじめYouTubeにチャンネルを作成し、動画をアップロードしておきましょう（P.177のTIPS参照）。まず、YouTubeにアップロードした動画の中でJimdoに表示させたいものを選びます。

1 YouTubeのマイチャンネルに移動する

YouTube（https://www.youtube.com/）にログインし、左上のメニューから［マイチャンネル］をクリックします。

2 Jimdoで表示させたい動画を選択する

Jimdoで表示させたい動画をクリックします。

3 共有URLをコピーする

［共有］をクリックし、下に表示された共有URLを選択してコピーします。

2　JimdoにYouTubeの動画を表示させよう

さきほどコピーした共有URLを使って、JimdoにYouTubeの動画を表示させます。

1　Jimdoの画面に切り替える

YouTubeの動画を表示させたいところにマウスポインターを移動し、［コンテンツを追加］から［YouTube等］をクリックします。

2　リンクをペーストする

［動画のリンク］ボックスにP.176手順3でコピーしたURLをペーストすると、動画が表示されます。

3　動画の表示サイズを設定する

動画サイズ、配置、画面比率を設定し、最後に［保存］をクリックします。

 TIPS　YouTubeに動画をアップロードする

YouTubeに動画をアップロードするには、「自分のチャンネル」が必要です。YouTubeにGoogleアカウントでログインし、［マイチャンネル］をクリックして新しいチャンネルを作成します。その後、画面右上の ⬆ から動画をアップロードします。

CHAPTER 10 ホームページの"ここが知りたい!" Q&A

フォトギャラリーを作るには？

Jimdoのコンテンツの1つ「フォトギャラリー」を使うと、たくさんの写真を一気に見せることができます。お店の内装や雰囲気を紹介したい場合などに効果的です。

1 フォトギャラリーを作ろう

Jimdoではフォトギャラリーを作成することができます。

1 ［フォトギャラリー］コンテンツ追加する

フォトギャラリーを表示させたいところにマウスポインターを移動し、［コンテンツを追加］から［フォトギャラリー］をクリックします。

2 写真をアップロードする

［ここへ画像をドラッグ］のエリアに掲載したい写真をドラッグします。

> 📝 **MEMO**
>
> 一度にアップロードできるのは10MBまでなので、たくさんの写真を掲載したいときは何度かに分けます。

3 表示形式を設定する

どのように写真を見せていくのかの表示形式を選びます。［横並び］［縦並び］［タイル］［スライダー］から見せたい形式を選択します。

4 表示サイズと余白の設定をする

表示サイズは3段階用意されており、［表示サイズ］スライダーで調整できます。また、［余白］スライダーでは写真間の余白を調整できます。

> ✏️ **MEMO**
>
> ［拡大表示］にチェックが入っていると、ホームページ上で写真をクリックしたときに写真が拡大されるようになります。

5 表示順を変更する

写真表示の順番を変更するには画面内で、写真をドラッグ＆ドロップで移動させます。

6 最後に保存する

設定が終わったら、最後に右下の［保存］をクリックします。

 TIPS フォトギャラリーの写真を削除する

フォトギャラリーにアップロードした写真を削除するには、削除したい写真の上にマウスポインターを合わせると表示される をクリックします。

2 写真にリンクやキャプションを付けよう

フォトギャラリーの写真には、キャプション（説明文）やリンクを設定することができます。

1 フォトギャラリーを選択する

すでに設置しているフォトギャラリーをクリックします。

2 表示モードを変更する

キャプションやリンクの設定をするには、表示モードの変更が必要です。目をクリックします。

MEMO
フォトギャラリーを編集状態にすると、［ここへ画像をドラッグ］のエリアが表示されますがスクロールすると消えます。

3 キャプションを設定する

［リスト表示］にすると、それぞれの写真にキャプションを設定することができます。キャプションを付けたい写真のボックスに、写真に合わせたキャプションを入力します。

4 リンク設定をする

画像にリンクを設定することもできます。をクリックするとリンク設定を行えます。

> 📝 **MEMO**
>
> この操作は必ずやらないといけない作業ではありません。フォトギャラリーの写真にリンクを設定しても、どこかにリンクしているかは気付かれにくいので設定には注意が必要です。

5 最後に保存する

設定が終わったら、最後に右下の［保存］をクリックします。

 TIPS フォトギャラリーのキャプションについて

手順3で設定したキャプションは、フォトギャラリーの写真一覧表示のときには見えません。プレビュー画面や実際のホームページの表示時に、フォトギャラリーの写真をクリックして拡大表示すると表示されます。商品の説明などに効果的なので、フォトギャラリーのキャプションはできるだけ付けたほうがよいでしょう。

CHAPTER 10 ホームページの"ここが知りたい！"Q&A

SECTION 58 独自ドメインを取得するには？

Jimdoで作ったホームページには、独自ドメインを設定することができます。ただし、独自ドメインを設定できるのはJimdoの有料版のみです。

1 独自ドメインとは？

JimdoFree（無料版）で作ったホームページのアドレスは、「https://＊＊＊＊.jimdofree.com」のように、登録したアドレスの後ろに必ず「.jimdofree.com」という文字列が付きます。この文字列のことをドメインといいます。「jimdofree.com」のドメインはJimdo社が管理し、たくさんの人たちがこのドメインを共有して使っています。

一方、「＊＊＊＊.com」「＊＊＊＊.net」のような「自分のオリジナルのホームページアドレス」のことを「**独自ドメイン**」といいます。独自ドメインは、ドメイン管理業者からお金を払って取得する「自分専用」のドメインです。Jimdoで独自ドメインを使うためには、有料版の「JimdoPro」もしくは「JimdoBusiness」の契約が必要です。

独自ドメインのメリット

独自ドメインにすると、ホームページのアドレスを自分のお店や会社の名前などにできるので、以下のようなメリットがあります。

- アドレスが覚えてもらいやすい
- 信頼感がアップする
- ホームページを移転してもドメインを変えなくて済む

少し費用はかかりますが、ビジネス目的でホームページを運営するなら、独自ドメインの取得をおすすめします。

2 有料プランにして独自ドメインを取得しよう

「JimdoPro」もしくは「JimdoBusiness」にアップグレードして、独自ドメインを取得しましょう。

1 アップグレードする

管理メニュー内の下部にある［アップグレード］をクリックし、「JimdoPro」もしくは「JimdoBusiness」の［いますぐ申し込む］をクリックします。

> **MEMO**
> 本書では「JimdoPro」で進めていきます。

2 契約する

1年契約か2年契約かを選択し、氏名や住所などの契約者情報と、支払い方法（クレジットカードか銀行振込）を選択し、契約します。

3 ドメインを設定する

契約が完了したらドメインの設定を行います。［管理メニュー］→［ドメイン・メール］をクリックし、ドメインの画面を表示します。次に［新しいドメインを追加］をクリックし、［新たにドメインを取得する］をクリックします。

4 ドメインを決めて入力する

使いたいホームページアドレスのあとに、「.com」「.net」「.org」「.info」「.biz」の中から好きなものを選んで入力して［利用可能か確認する］をクリックします。登録可能な場合は［ドメインを登録する］が表示されるのでクリックします。

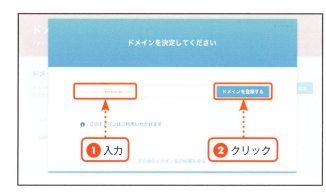

> **MEMO**
>
> 「このドメインはすでに利用されています」と表示されたら、アドレスの一部を変更するか、ドメイン部分（「.com」など）を変更して再度試してみてください。

5 ドメインを登録する

最後に名前や住所などを入力し、［ドメインを登録する］をクリックしてドメインを登録します。

CHAPTER 10 ホームページの"ここが知りたい！" Q&A

SECTION 59 未完成のページを非公開にするには？

ページごとにパスワードを設定して、ページが完成するまでページの内容を非公開にすることができます。また、特定の人にだけ見せたい場合にも活用できます。

1 パスワード保護領域を設定しよう

ページにパスワード設定をするためには「パスワード保護領域」を設定します。

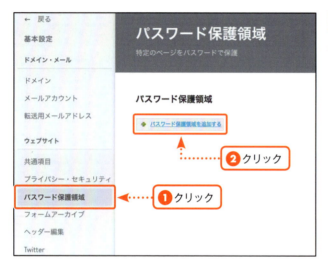

1 新規パスワード保護領域を追加する

管理メニューの［基本設定］から［パスワード保護領域］をクリックします。［パスワード保護領域を追加する］をクリックします。

2 名前とパスワードを設定する

［名前］ボックスには保護領域の名前を入力します。今回は「非公開」とします。次に［パスワード］ボックスにパスワードを入力します。

> **MEMO**
> パスワードに設定できるのは半角英数字のみです。

3 非公開にしたいページを選ぶ

非公開に設定したいページのチェックボックスをクリックして、最後に［保存］をクリックします。

✎ MEMO

非公開にできるのは、コンテンツエリアのみです。「ヘッダー」「ナビゲーション」「フッター」などは非公開にすることができません。

4 非公開ページを表示して確認する

プレビュー画面（P.30参照）でホームページを表示し、パスワード保護領域に設定したページを表示します。

5 パスワードを入力する

パスワードを入力し、［ログイン］をクリックすると、ページを表示することができます。

 TIPS 非公開設定を解除するには？

非公開に設定したページを公開するには、管理メニューの［基本設定］から［パスワード保護領域］をクリックして、［削除］→［はい、削除します］をクリックします。

CHAPTER 10 ホームページの"ここが知りたい！"Q&A

SECTION 60 メールアドレスとパスワードを変更するには？

Jimdoに登録したときに設定したメールアドレスやパスワードは、あとから変更することができます。Jimdoからの重要なお知らせが届くように、普段使っているメールアドレスを登録しましょう。

1 パスワードを変更しよう

Jimdoの登録時に設定したパスワードを変更することができます。

1 プロフィール画面を表示する

P.170を参考にダッシュボードを開きます。次に左上の「プロフィール」アイコンをクリックします。

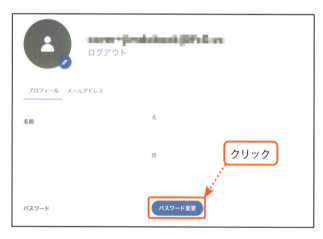

2 パスワードを変更する

「プロフィール」画面が開きました。画面をスクロールし、ページ中ほどにある「パスワード」の［パスワード変更］をクリックします。

3 新しいパスワードを入力する

「パスワードを変更する」の画面が表示されました。「現在のパスワード」「新しいパスワード」「新しいパスワード（再入力）」にそれぞれ入力し、最後に［保存］をクリックします。

2 メールアドレスを変更しよう

メールアドレスは変更だけでなく、複数のメールアドレスを登録することもできます。

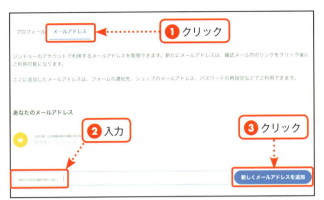

1 新しいメールアドレスを登録する

前ページ手順2の画面で［メールアドレス］タブをクリックします。ページ下部にあるテキストボックスに登録したいメールアドレスを入力して［新しくメールアドレスを追加］をクリックします。

2 メールアドレスを確認する

手順1で登録したメールアドレスに、Jimdoから「［Jimdo］メールアドレスを確定してください」というメールが届きます。メールの中にある［確定する］をクリックして、メールアドレスを確定します。

> **MEMO**
>
> 新しく登録したメールアドレスを使って、Jimdoにログインすることができます。また、お問い合わせフォームの受け取り先として指定することもできます（P.94参照）。

3 メールアドレスを削除する

使わなくなったメールアドレスを削除するには、手順1の画面で、削除したいメールアドレスの右にある をクリックします。

> **MEMO**
>
> メインのメールアドレスを削除したいときは、他のメールアドレスをメインにしたあとに削除することができます。削除したメールアドレスでは、Jimdoにログインすることができなくなります。

CHAPTER 10 ホームページの"ここが知りたい！" Q&A

SECTION 61 Jimdoを退会するには？

Jimdoで作ったホームページの公開が続けられなくなった場合は、ホームページだけでなくJimdoのアカウント自体を削除することができます。

1 アカウントを削除しよう

アカウントを削除すると、ホームページの内容やアップロードした写真など、**すべてが完全に削除**されます。また、Jimdoへのログインもできなくなります。

1 プロフィール画面を表示する

P.170を参考にダッシュボードを開き、左上の「プロフィール」アイコンをクリックして「プロフィール」画面を表示します。画面の下のほうにある「アカウント削除」の［アカウント削除］をクリックします。

2 アカウントを削除する

「メールアドレス」のボックスにJimdoログインに使用しているメールアドレスを入力します。次に「私のアカウントとすべてのホームページが完全に削除されることに同意します。」にチェックを入れ、最後に［アカウント削除］をクリックします。

> **MEMO**
> アカウントを削除すると、ホームページとアカウントを元に戻すことができません。アカウントを削除するときは十分に注意してください。

INDEX

英字

Canva	148
CAPTCHA（フォーム）	97
Chrome	8,23
Facebook	172
Gmail	17
Googleアナリティクス	161,164
Googleマップ	68,70
Jimdo	22
JimdoBusiness	22
JimdoFree	22
JimdoPro	22
「Jimdo」アプリ	167
Jimdoに登録	26
Jimdoの退会	188
Outlook.com	17
RSS Subscription Extension	174
RSSフィード	175
SEO	146,168
Twitter	172
Webフォント	121
Yahoo!メール	17
YouTube	176

あ行

アクセス解析	161,164
アクティブ時	117
案内文	50
一時保存	80
インターネットへの接続環境	16
欧文フォント	121
大見出し	54
お問い合わせページ	86
思いのズレ	14

か行

階層	46
外部ブログ	174
箇条書きの表現	67
画像	56
画像を背景にする	109
カテゴリータイトル	93
カラム	75
カラムの削除	51
カラムの幅	77
カラムの列の追加	75
管理メニュー	31
機種依存文字	58
キャプション	76
行間幅	124
共通エリア	32,138
共通エリアのデザイン	140
切り抜き	150
グループ化	38
検索エンジン対策	146,168
効果	150
コーポレートカラー	101
ゴシック体	115
コピー	78
コピーライト表記	143
コンテンツエリア	32
コンテンツエリアのデザイン	119
コンテンツを追加	52

さ行

サイトマップ	38,42
削除	50
サブドメイン	24
サブページ	74
サンセリフ体	121

INDEX

シェアボタン ……………………… 172
写真 ………………………………… 56
写真の拡大表示 …………………… 77
写真のキャプション ……………… 76
写真の編集 ………………………… 148
斜体 ………………………………… 116
商品・サービス紹介ページ ……… 72
商品紹介 …………………………… 76
新規ページを追加 ………………… 45
シングルチェックボックス ……… 93
水平線 ………………………… 131,132
数字 ………………………………… 93
スタイルの詳細設定 ……………… 112
スパム防止機能 …………………… 97
スライド表示の背景にする ……… 109
設計図 …………………………… 38,42
説明文（SEO） ………………… 147,156
セリフ体 …………………………… 121
セルのプロパティ ………………… 65
送信テスト ………………………… 96
その他のコンテンツ＆アドオン … 63

た行
代替テキスト ……………………… 57
ダッシュボード …………………… 170
単一色の背景にする ……………… 107
地図 ………………………………… 68
中見出し …………………………… 62
定型ページ ………………………… 51
テキスト …………………………… 152
テキストエリア …………………… 92
デザインの統一感 ………………… 15
デジタルカメラ …………………… 16
店舗・会社情報ページ …………… 60
動画を背景にする ………………… 110

独自ドメイン ………………… 24,182
トップページ ……………………… 48
トップへ戻るボタン ……………… 144
ドメイン …………………………… 24
トラッキングコード ……………… 163
ドロップダウンリスト …………… 93

な行
ナビゲーション …………………… 32
ナビゲーションのデザイン ……… 112
ナビゲーションの編集 …………… 44
日本語フォント …………………… 121
入力必須 …………………………… 91

は行
背景 ………………………………… 106
背景画像のサイズ ………………… 111
背景の再設定 ……………………… 111
パスワードの変更 ………………… 186
パスワード保護領域 ……………… 184
パソコン …………………………… 16
半角カタカナ ……………………… 58
非公開 ……………………………… 184
日付 ………………………………… 92
表 …………………………………… 63
表の行の追加 ……………………… 63
表のデザイン ……………………… 65
表の表現 …………………………… 67
表のプロパティ …………………… 65
フォーム …………………………… 89
フォーム送信後のメッセージ …… 95
フォーム送信先のメールアドレス … 94
フォームの項目 …………………… 90
フォームのデザイン ……………… 127
フォームのレイアウト …………… 97

フォトギャラリー	178
フォトギャラリーのキャプション	181
フォントカラー	124
フォントサイズ	123
フォントの種類	115
複数チェックボックス	93
フッターエリア	32,142
フッターエリアのデザイン	120
太字	53
プライバシーポリシー	98
プライバシーポリシーの設定	143
ブラウザー	23
プリセット	104
プレビュー画面	30
ブログ	11
文章	52
文章のデザイン	123
ページ	32
ページタイトル	129
ページタイトル（SEO）	146,156
ページの削除	44
ページの追加	45
ページの並べ替え	45
ベースカラー	101
ヘッダーエリア	32
ヘッダー編集	163
編集画面	30
ホームページ	10
ホームページアドレス	24
ホームページの作成	26
ホームページの表示	34
ホームページの目的	37
ボタン	83
ボタン（フォーム）	94
ボタンのデザイン	126

ま行

見出し	54
見出しのデザイン	124
見出しの配置	125
見出しの表現	67
明朝体	115
メインページ	82
メールアドレス	16,17
メールアドレス（フォーム）	92
メールアドレスの変更	187
メッセージエリア	92
メニュー	44
文字色の変更	53
文字の強調	53

や行

ユーザーテスト	160
余白	130,132

ら行

ラジオボタン	93
料金プラン	22
リンクの設定	135
リンクのデザイン	134
リンクの動作確認	137
レイアウト	102
レスポンシブデザイン	105
ログアウト	34
ログイン	34
ロゴ	101,128

[著者略歴]
藤川麻夕子＋山本和泉
2007年にWeb制作ユニット「#fc0（エフシーゼロ）」を結成、2008年に法人化。
ホームページの受託制作、運用アドバイス等を行いながら、初心者向けの解説や
レクチャーを中心に講師、講演、執筆活動を行う。

藤川麻夕子（ふじかわまゆこ）
株式会社エフシーゼロ　代表取締役リーダー／JimdoExpert
2000年よりウェブ制作に携わる。小学校教員免許を持つ。水耕栽培が最近の趣味。https://fc0.vc/

山本和泉（やまもといずみ）
ウェブデザイナー・アドバイザー・トレーナー／JimdoExpert
アクセシビリティとユーザビリティの話と、いちごと飛行機が好き。https://www.izuizu.jp

■お問い合わせについて

本書に関するご質問については、本書に記載されている内容に関するもののみとさせていただきます。本書の内容と関係のないご質問につきましては、一切お答えできませんので、あらかじめご了承ください。また、電話でのご質問は受け付けておりませんので、FAXか書面にて下記までお送りいただくか、弊社ホームページよりお問い合わせください。

〒162-0846
東京都新宿区市谷左内町21-13
株式会社技術評論社　書籍編集部
「小さなお店＆会社のホームページ　Jimdo入門」質問係
FAX番号　03-3513-6167
URL　https://book.gihyo.jp/116

なお、ご質問の際に記載いただいた個人情報は、ご質問の返答以外の目的には使用いたしません。また、ご質問の返答後は速やかに破棄させていただきます。

●カバー	坂本真一郎	●編集	石井亮輔
●本文デザイン	ライラック	●撮影	イイダマサユキ iida@mworks.tokyo
●本文イラスト	イラスト工房（株式会社アット）	●撮影協力	cafe WALL http://cafe-wall.com
●DTP	BUCH⁺	●制作協力	KDDIウェブコミュニケーションズ

小さなお店＆会社のホームページ　Jimdo入門

2017年5月10日　初版　第1刷発行
2019年7月　6日　初版　第2刷発行

著者	藤川麻夕子＋山本和泉
発行者	片岡　巌
発行所	株式会社技術評論社
	東京都新宿区市谷左内町21-13
	電話　03-3513-6150　販売促進部
	03-3513-6160　書籍編集部
印刷／製本	大日本印刷株式会社

定価はカバーに表示してあります。

本書の一部または全部を著作権法の定める範囲を超え、無断で複写、複製、転載、テープ化、ファイルに落とすことを禁じます。

©2017　藤川麻夕子、山本和泉

造本には細心の注意を払っておりますが、万一、乱丁（ページの乱れ）や落丁（ページの抜け）がございましたら、小社販売促進部までお送りください。送料小社負担にてお取り替えいたします。

ISBN978-4-7741-8893-5　C3055
Printed in Japan